茅以升先生与
少年儿童在一起

茅以升青年时代

茅以升中年时代

茅以升老年时代

茅以升先生在工作

1996 年 4 月 7 日，茅以升塑像揭幕仪式在浙江省杭州市钱塘江桥畔举行。基座正面镌刻着由江泽民题写的"茅以升先生像"。

1987 年，钱塘江大桥通车 50 周年之际，茅以升先生在桥上看望守桥武警战士。

1934 年 11 月 11 日,茅以升先生主持钱塘江大桥奠基仪式。

钱塘江大桥

1937 年 12 月 23 日，茅以升亲手炸毁钱塘江大桥。

茅以升先生出版的部分科普著作

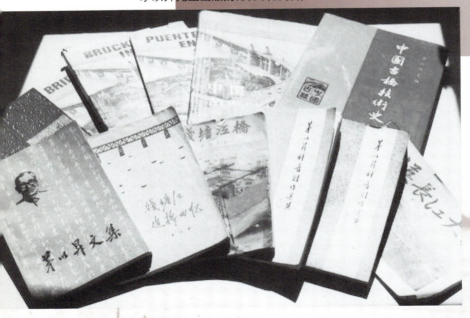

架起通向科学的桥

——茅以升科普创作精选

北京茅以升科技教育基金会　编

科学普及出版社
·北 京·

图书在版编目(CIP)数据

架起通向科学的桥：茅以升科普创作精选/北京茅以升科技教育基金会编．—北京：科学普及出版社，2009.11
(2013.1 重印)

ISBN 978 – 7 – 110 – 07172 – 4

Ⅰ. 架… Ⅱ. 北… Ⅲ. 科学小品 – 中国 – 现代 – 选集
Ⅳ. N49

中国版本图书馆 CIP 数据核字(2009)第 196107 号

科学普及出版社出版

北京市海淀区中关村南大街 16 号　邮政编码：100081
电话：010 – 62173865　传真：010 – 62179148
http://www.cspbooks.com.cn
科学普及出版社发行部发行
北京市凯鑫彩色印刷有限公司印刷

*

开本：787 毫米 × 1092 毫米　1/16　印张：10.75　插页：2　字数：150 千字
2009 年 11 月第 1 版　2013 年 1 月第 3 次印刷
印数：4201—7200 册　定价：32.00 元
ISBN 978 – 7 – 110 – 07172 – 4/N · 124

人生一征途耳，其长百年，我已走过十之八，回首前尘，历历在目，崎岖多于平坦，忽深谷，忽洪涛，幸赖桥梁以渡，桥何名欤，曰奋斗。

以升

编 委 会

序

　　茅以升先生是中外著名的科学家、教育家、社会活动家,是成就卓著的桥梁专家。他自束发就学,便树立了励志强国之心,从此竭其一生的心血和学识献身祖国建设大业。早在 20 世纪 20 年代,他怀着报效祖国赤子之心,负笈海外,学成归国。他一生行事严以律己,敢为人先,讲求实效,为新中国的发展与建设,为铁路、教育、科研、科普事业作出了历史性的贡献。

　　此次出版《架起通向科学的桥——茅以升科普创作精选》,意在不仅追思茅以升先生为我们留下的不朽业绩,更重温为我们留下的足以传世的宝贵精神财富——丰富多彩的科普作品,希望以此激发更多的后来者能够为了我国青少年一代,为了实践科学发展观,以我国老一辈科学家人格魅力和精神风范为楷模,关心青少年的成长,以科学世界观和方法论为基石,爱国爱民、严谨求实、执著追求、勇于进取,担负起时代赋予科学家的历史使命。茅先生一生提倡"先习而后学",强调科学发展的根本是实践性,实践是创新的出发点和归宿,"实践—理论—实践"是科学的规律。《架起通向科学的桥——茅以升科普创作精选》就是他这一科学理念和他孜孜于科普活动的一个记录。

　　我多次到过钱塘江大桥,每次都要驻足,遥瞻凝思,因为我读过茅先生《两脚跨过钱塘江》一文,知道他于 1933 年受命主持修建钱塘江大桥。当时中国技术落后、人才缺乏,建桥困难重重。但茅先生就在建桥过程中培养人,终于培养出了大批桥梁工程人才。他根据钱塘江的水情、地情创造发明了"射水法"、"沉箱法"、"浮运法"等一系列施工方法,终于建成了第一座由中国人自行设计建造的公铁两用现代大桥——钱塘江大桥,而且工期竟缩短了两年半!然而,就在通车仅3个月时,侵华日军接近了桥头,他又含泪亲自开动预先布置好的爆炸器,把桥炸毁。抗战胜利了,他又主持修复了大桥。这传奇般的"一建一炸一复"充分彰显了中华民族自立于世界民族之林的能力和中国知识分子忠诚于祖国的伟大胸怀。

《架起通向科学的桥——茅以升科普创作精选》收录了27篇有关科普知识文章,其中不少是关于桥梁方面的。茅先生对我国有记载以来修建的各种桥梁做过全面深入的考察和研究,所以他能如数家珍地娓娓道来,在几代读者面前展开了一幅幅历史画卷。茅先生以那清新朴实的笔触向世人款款叙述着我国古代桥梁悠久的历史和卓越的成就,千百年来历代人民辛勤、聪慧地在水深风急、波涛激荡的河流上架起一座座坚固美观的长桥景象跃然纸上。人们通过这些文章可以了解我国桥梁建筑中的民族艺术特色以及在世界桥梁史中的地位,以至像我这样的文科人在读过多年后,至今还记得很清楚。

本书收录的《没有不能造的桥》获得1981年全国新长征优秀科普作品一等奖;《中国的石拱桥》被收入中学课本,作为中学生必读的范文;《桥话》一文融科学性和艺术性为一体,受到毛泽东主席的赞赏。

茅先生作为著名科学家却长期致力于科普工作,共写了200余篇科普作品和宣传科普工作重要性的文章。他始终认为,"一个国家的科学水平不能只看少数科学家,而要提高全民族的科学技术水平,便要十分重视科普工作。"

他十分关心青少年的成长，谆谆诱导他们爱科学、学科学、用科学。他在《检阅了我们科学大军的后备力量》中，鼓励青少年要全面掌握自然科学的基础理论知识，培养钻研精神，努力上进，用科学为人民造福。他提出"科学教育要从小开始，不但在课堂，还要在课外，并在日常生活中培养自己爱科学、学科学、用科学。"

科学需要想象。我们从这些文章中可以看到茅先生是怎样充分展开自己想象的翅膀的。他在《明天的火车和铁路》中想象未来的火车每小时能跑 200 千米以上，从上海到北京的铁路只要六七个钟头就能到达，车中有无线电传真电话设备，可以同全国各地通话。果然，几十年后，时速 350 千米的京沪高速铁路即将建成了。如果茅先生仍在，该多么欣慰呀。在《桥梁远景图》中他预言在亚洲与北美洲相隔 85 千米宽的白令海峡上，将能架起一座桥，人们可以坐汽车周游五大洲。现在，虽然白令海峡大桥目前还只是个提案，但我国已于 2008 年建成杭州湾跨海大桥，全长 36 千米，不啻为未来可能出现的白令海峡大桥的先驱和实验。茅先生的这些想象和预言是在 40 多年前中国和世界技术水平远不如今天的背景下写成的，是他对科学的信心和科学发展规律的准确把握使他能超越眼前，看到未来。

茅先生一生架桥无数，他不仅为祖国江河架桥，也为科技与人民架桥，为培养青年工程人才架桥，为海峡两岸科技交流架桥，同时还为自己架设了一座由爱国主义者通向共产主义者的人生之桥。

让中国所有乘车、徒步行进在祖国江河上大大小小桥梁的人们永远记住茅以升先生！

许嘉璐

茅以升先生生平

茅以升，字唐臣，1896年1月9日出生于江苏省丹徒县（今镇江市），卒于1989年11月12日。我国享誉中外的著名科学家、近代桥梁工程先驱。

1911年考入唐山工业专门学校，1916年考取清华官费赴美国留学。1917年毕业于美国康奈尔大学土木工程系桥梁专业，获硕士学位；1919年获加利基理工学院（后改名为加利基·梅隆大学）工学博士学位。他的博士论文《桥梁桁架结构之次应力》（Secondary Stresses in Bridge Trusses）在科学上的创见，被称之"茅氏定律"，获得康奈尔斐蒂士研究奖章。20世纪30年代，他建成了由中国人自己设计并主持建造的第一座铁路公路两用大桥——钱塘江大桥。为此，中国工程师学会授予他荣誉奖章，中央研究院选举他为院士。50年代，他担任武汉长江大桥技术顾问委员会主任委员、人民大会堂结构审查组组长。

茅以升先生历任唐山工业专门学校、北洋大学、东南大学、河海工科大学、北方交通大学教授、校长。他主张教育改革，加速培养新一代建设专门人才，提出了工科大学理论联系实际，"先习而后学，边习边学"，"科研、教学和生产相结合"等一系列观点。他特别关心青少年的成长，引导青少年爱科学、学科学、用科学，献身祖国科学事业。他曾任中国人民政治协商会议第六届全国委员会副主席、九三学社中央名誉主席、中国科协名誉主席、欧美同学会会长、上海市科联主席、铁道科学研究院院长、北京市科协主席、中国科学院院士暨技术科学部副主任、中国土木工程学会理事长。曾率领科技代表团访问东欧、西欧、美、日等14国，加强了中国与这些国家科技的交流。他是国际桥梁及结构工程协会个人会员，并被选为美国国家工程科学院外籍院士、加拿大土木工程学会荣誉会员。

茅以升先生是一位与时俱进的爱国主义者。他一生向往光明，追求进步。他是中国科技工作者的楷模，他的智慧与成就永远为海内外的炎黄子孙所追慕，激励着民众为中华民族的腾飞奋斗不止。

目　录

架起通向科学的桥
——茅以升科普创作精选

我与中国的桥梁建设

我总是满怀信心地希望这些祖国的未来栋梁之才迅速成长，早日把中国的"统一"之桥、现代化建设之桥胜利建成，并在全世界的朋友们和我们之间架设更多的友谊之桥，使第二代、第三代的生活变得更加美好。

岁月不居，新中国建立已经 35 周年，而我从事桥梁建设工作则已有 67 个年头之久了。在这漫长的岁月里，我亲自经历过中国近代桥梁史上的关键时刻，也在祖国的桥梁建设事业中尽到了自己绵薄的力量。回首前尘，不胜依依之情。

我 1896 年出生于江苏，祖籍镇江，却在南京这座六朝粉黛的石头城中成长。64 年前，我曾目睹秦淮河上的文德桥断裂伤人的不幸事件，从此矢志为人民架设桥梁，便民利国。我因家境贫寒，1911 年以 15 岁的稚龄，考入公费的唐山"交大"，5 年以后，又被保送留美。1917 年，我在美国康奈尔大学土木工程系攻读桥梁专业，在导师贾科贝教授的指导下，获得硕士学位。其后，又被导师推荐，到美国钢铁生产中心匹兹堡一家桥梁工程公司进行实习，一面工作，一面在当地著名的加利基理工学院（后改名加利基·梅隆大学）攻读博士学位，于 1919 年底通过博士论文答辩,成为这所学院第一名工学博士。60年后,即1979年,我率中国科协代表团访美时,曾接受加利基·梅隆大学赠送的荣誉校友奖章。旧地重游,两鬓似霜,这使我感慨万端,思绪起伏。

我自1921年返回祖国后,先后在唐山母校、南京东南大学、南京河海工程大学、天津北洋工学院、贵州平越大学(抗日战争时期)、唐山工学院等任教,其中除执教外,还担任过院长、校长。1949年10月,当中华人民共和国宣告成立时,我又荣幸地被中央人民政府任命为中国交通大学校长,并参加新中国桥梁的建设工作,颇有些历史性的巧合。俗话所谓"三十年河东,三十年河西",对于我来说,不管是"河东"、"河西",都离不开"搭桥"、"建桥"工作。今年5月间,我被光荣地推选为中国人民政治协商会议全国委员会副主席,在感到责任重大的同时,我想到仍然是"搭桥"、"建桥";早日搭成通向祖国现代化之桥,尽快建造祖国统一之桥。

人们都知道,我国的桥梁建设有着极其悠久的历史。早在3000年前,中国人民就会建造木桥和浮桥,后来又掌握了建造石梁桥、石拱桥和铁索桥的技术。我们的前辈们修建的桥梁以其严谨的结构与优美的造型闻名于世。如建于隋开皇大业年间(590—608)的河北赵县(州)的安济桥、建于公元1053—1059年的福建泉州的万安桥以及始建于公元1170年的广东省潮州的广济桥,为中国的三大名桥。其中安济桥是一座跨度37.07米的石拱桥,结构合理,造型精巧美观,至今虽然已有1300多年的历史,但仍巍然屹立,完好无损,堪称世间奇迹之一。

尽管我国建造桥梁的技术起源较早,但是,由于长时间封建制度的桎梏与禁锢,特别是1840年鸦片战争之后,中国沦为半殖民地半封建社会。在那个内战频仍、国难深重的历史年代,铁路、公路往往是"遇河而断",或"遇河而止",以致使城乡交通极其不便,特别是南北交通困难万状。直到35年前,新中国如朝日初升,我国广大的桥梁技术人员才获得了充分的用武之地。中国的桥梁建设才得以迅速发展。截止1981年底,我们共修建桥梁14000多座,总长近1000公里。

1957年以后,中国铁路建设发展速度极快,对中小跨度桥梁需求量很大。根据这一情况,铁路混凝土梁(20米以内)和预应力混凝土梁(32米以内)采用了工厂预制的标准梁,从而加速了铁路施工进度,也节约了大量钢材,开创了铁路桥梁建设的崭新篇章。随着祖国经济建设的不断发展,需要在大江大河上架设新桥梁。我们曾于50年代后期建造了不少铁路特大桥梁,如黄河桥、珠江桥、赣江桥和湘江桥等。在过去,人们一直把长江视为无法跨越的天险,似乎在波涛汹涌的长江上建起大桥,是一件不可思议的事情。但是,"一桥飞架南北,天堑变通途"的局面终于出现了。1957年,中国的桥梁工程技术人员经过努力,终于在长江上建成了武汉长江大桥,"万里长江无桥梁"的历史从此宣告结束。这座大桥为公路、铁路两用桥,正桥由三联连续钢梁组成,每联三孔,每孔跨长128米,梁高16米,全桥长1670米。武汉长江大桥的建成,为我国建造深水基础桥梁积累了许多宝贵的经验,标志着中国的桥梁建设已进入新的历史阶段。

武汉长江大桥

60 年代初期,中国成功地建造了南京长江大桥,引起世界各国的赞叹与注视。南京位于长江下游,水深湍急风浪大,基岩埋置又深,地质情况复杂,一向被视为禁区。中国奋发有为的桥梁工程技术人员,完全依靠自己的力量,设计并建造了这座跨越长江的第二座公路、铁路两用桥,主跨达 160 米,全长 1577 米,铁路引桥 6.7 公里。南京长江大桥工程规模之宏伟,技术要求之复杂,在世界建桥史上亦属罕见。南京长江大桥的胜利竣工,显示了我国人民自力更生的志气,也反映了中国桥梁工程界的新水平。

南京长江大桥

20 世纪 70 年代后期,随着电子计算机在桥梁设计中的应用,高强度钢梁和高标号混凝土的问世,桥梁制造工艺水平不断提高,桥梁结构向更大跨度方向发展。1980年,我国建成四川省重庆公路长江大桥,该桥为预应力混凝土 T 型钢构桥,主跨达 174 米。1981 年,建成中国第一座铁路斜拉桥——广西红水河桥,该桥主梁为预应力钢筋混凝土箱形连续梁,主跨 96 米,采用分段悬臂灌注法施工。这座斜拉桥的建成,为铁路预应力混凝土梁向更大跨度发展打下了基础。1982 年建成的山东省济南黄河公路斜拉桥,主跨 220 米,是当前中国已建成的跨度最大的斜拉桥。此外,1982 年还建成湖北省汉江铁路斜腿钢构桥,主梁为箱形钢梁,跨度达 176 米,该桥中孔浮运至桥位整体吊装,别具一格。这些新型桥梁结构为我国桥梁建设填补了空白,并展示出新中国铁路桥梁建设水平的不断提高。

新中国建立以来,国家注意培养桥梁建设人才,组织和加强桥梁科研、设计、施工队伍。中国目前有 9 所大学设有桥梁专业,每年向国家输送大批桥梁技术人才,还设有专门从事铁路桥梁科学研究的铁道部科学研究院。除此以外,我国还有 5 所铁路设计院,铁道部各工程局、铁路局都有专门的桥梁设计、施工、养护队伍。在公路方面,也设有不少研究和设计机构。

我是中国桥梁科技战线上的一名老战士,在一生的科研、教学实践中,曾经带出了一批又一批的新兵。1978年,为了总结我国历史悠久、日新月异的桥梁技术,我曾主编过一部《中国古代桥梁技术史》。这项工作,对于我来说是愉快的,也是为了完成自己的多年心愿。早在 48

年前,怀着一颗为中国人争气的爱国心,我曾同我国的科技人员一起以最高的速度、最低的造价,战胜了"无底钱塘江",建成了连接浙赣的钱塘江大桥,利用了"气压沉箱法",并试采用了微波通讯的先进技术。1982年11月,我应邀访美,接受美国国家工程科学院荣衔。旧地重游时曾接受美国《匹兹堡日报》专栏作家马丁·史密斯的访问。史密斯先生显然是对我当年修建的钱塘江大桥极感兴趣的,以致他在自己的专访中写道:"时隔40多年,它(钱塘江大桥)仍然在为运输服务。"不错,我是以此为骄傲的,也是以此为荣的。但是,这份光荣并非属于我这个桥梁工程师,而是属于中华民族和中国人民的。没有勤劳智慧的中国劳动者,一位桥梁科技人员又怎能做出惊天动地的业绩呢?

　　每当我向北京的青少年叙述这些往事的时候,我总是满怀信心地希望这些祖国的未来栋梁之才迅速成长,早日把中国的"统一"之桥、现代化建设之桥胜利建成,并在全世界的朋友们和我们之间架设更多的友谊之桥,使第二代、第三代的生活变得更加美好。

1984年7月于北京南沙沟

选自湖北教育出版社《茅以升科普文集》,
1992年2月出版

从小得到的启发

从此我对造桥就发生了兴趣，它能让千万人过河，当然是好事，但是倘若桥造得不好，引起灾难，那么有桥反而不如无桥了！将来我如造桥，一定不会造得像南京秦淮河上的文德桥。

去年"六一"国际儿童节，我在上海少年宫里，少先队员给我戴上了红领巾，我感到很光荣。回想起我自己的童年，我哪能有你们这样幸福呢？我已经82岁了。现在就给你们讲几件我的童年小故事，那都是70年以前的事了！

我小时候住在南京，家中人多，而又比较贫穷，吃饭时我们小孩子不能上桌，只好端碗饭，站在地上吃，听大人的话给什么就吃什么。我小时傻头傻脑，有的大人不喜欢我，不给我好菜吃，甚至和我开玩笑，说我不是茅家人，是从家门口台阶上捡来的一个婴儿长大的。我听了半信半疑。妈妈叫我不要相信，但我还以为妈妈是故意安慰我，于是我就下了个决心，管它姓茅不姓茅，只要我长大能够读书干活就行。但是又想到，如果我真不是茅家的人，我又何必赖在茅家吃饭呢？那时我才六七岁。

有一天看见门口站着一个讨饭的，心想，他既能挨家讨饭过活，我何不跟他走呢，于是就和他谈起话来，我家里人看了奇怪，就问我谈什么，我说我想跟他走。大家这才惊慌起来，都认真对我说，那是和我开玩笑的，"千真万确你是茅家人"，我这才放了心。我原来真是茅家人！我至今还记得这个故事，因为它激发了我可以独立的精神。

南京有个风俗，过阴历年时家家玩花灯。我家虽穷，也还有个"走马灯"。那灯里面有一个能转动的小轮子，轮子四周粘上许多彩色的纸人和纸马。轮子底下有蜡烛，蜡烛点着，轮子就会转动起来，纸人纸马的影子射到墙上，就看到转动的人和马了，形成了一种原始的"影戏"。我那时才七八岁，见到这个"影戏"，感到非常有趣，但不知是什么道理。有人对我讲，小轮子里从中心到四周，有许多"叶片"，蜡烛的热气，熏到叶片上，小轮子就会动起来。我再细细地从蜡烛看到叶片，从叶片看到小轮子四周的纸人纸马，叶片受热气一吹，就带动纸人纸马动起来了。我就想，热气如果大点，轮子不是会转得快些吗？于是就在轮子底下，多放一支蜡烛，果然那轮子就加倍快地动起来了。我高兴极了，因为得到一些新的知识，现在看来就是进了科学的门了，也就是开始"爱科学"了。

南京有一条秦淮河，是个名胜古迹，每年端午节，河上有赛龙船的盛会，河上有几座桥，桥上就挤满了人来看。在我八九岁那年的端午节前一天，有几个同学约我去秦淮河看赛龙船，我高兴极了，再三再四地要求妈妈让我去。哪里知道，就在这天晚上，我突然胃痛起来，非常难受，一夜没得好睡。第二天端午节我就没法去了。到了晚上，一位去玩的同学来到我家，劈头一句话就说："你幸亏没有去,如去的话,可能掉到河里淹死了。"原来他们挤在一座文德桥上,因为人太多,这桥的栏杆断了还不算,有几块桥面板都坍下了,因而有不少人掉下水去,有一个同学也几乎遇险。我听了大吃一惊,原来桥造得不好,就会出大乱子。那些掉进水里的人呢,如果送了命,应当由造桥的人负责!从此我对造桥就发生了兴趣,它能让千万人过河,当然是好事,但是倘若桥造得不好,引起灾难,那么有桥反而不如无桥了!将来我如造桥,一定不会造得像文德桥!

11岁那一年,我快小学毕业了,暑假在家,帮着做些家务,不好出去玩耍,偶尔也读些书,最爱看小说。也许那时我还长得"眉清目秀",不像小时那样"傻头傻脑"了。一天,有位客人来拜访我二叔,他那时住在我家中,我见有客人来,就去送上一杯茶,不料这位客人见了我大加赞赏,说我将来一定了不起,可以"荣宗耀祖",我听了当然得意。不料我二叔接着说:"他还是个孩子,样样都还不行呢!"这本是句客套话,并非本意,不料我却认真起来,心想:"你说我样样都不行,我来'行'的给你看。"从此我就奋发读书,不但不出去玩,除吃三顿饭,每天关在房里不见人。有时一段书看不完,连饭都不吃。家里人以为我和人生气,但又找不出我生气的人。就这样,在一个暑假中我看了不少书,不但学校课本看的烂熟,还看了不少那时的所谓"新书"。于是思想上大有变化,从此就把古人的一句话"一寸光阴一寸金"牢记心头,一有空闲就看书,成为终身习惯。

我12岁进中学,开始学数学、物理、化学及英文,就没有多时间学中文了。我祖父是位教育家,又是文学家,

怕我的中文不进步，特别对"古文"不熟悉，就在我这年暑假住在家中时（那时念书我住学校内）教我读古文。他教的方法也很特别。他用毛笔自己写一篇古文，叫我在旁边看着他写，同时记住他写的文字。他要求我尽快地把他写的这篇古文记牢，能够背诵出来。他想不到，每次当他把一篇文章写完时，我立刻就能把全文背诵出来，虽然不免有小错误。就这样，我背诵了几篇古文，如《北山移文》、《滕王阁序》、《阿房宫赋》之类。一个附带的收获是经过了这段学习，锻炼了我的记忆力。后来我把数学里的"圆周率"，记住小数点以下一百位，大家都觉得奇怪，其实也不过只是强记的结果。我认为记忆力的好坏，不完全是天生的，主要靠锻炼，一把刀，越磨越快，不磨不用，就会生锈了。

小朋友们也有自己小时候的故事，并且总有些故事是不会忘记的。等到你们长到我的年纪的时候，希望你们也会有些故事，讲给你们下一代的小朋友听。我们的祖国正在等候你们讲你们成年以后的大故事呢。

原载《儿童时代》1979 年第 2 期

两脚跨过钱塘江

陆地风云突变色,炸桥挥泪断通途,"五行缺火"真来火,不复原桥不丈夫。

　　"两脚跨过钱塘江"是杭州旧时谚语,用来讽刺说大话的人。因为自古以来,钱塘江上无桥,如何能用两脚跨过江呢?又有一句俗语"钱塘江造桥",用来说明一件不可能成功的事,因为钱塘江素称天险,再加钱江潮的汹涌,如何能在这江上造桥呢?这两句谚语深入人心,故1937年钱塘江桥造成后,被人认为奇迹。却不知更为出奇的是:在桥造成后,两脚可以跨过钱塘江的时候,桥上已经放入炸药了,所有过桥的行人和车辆,都是在炸药上走过去的!

　　钱塘江,简称钱江,别名很多,如浙江、浙河、渐江、曲江、之江、广陵江、罗刹江,等等。它发源于安徽休宁的凫溪口,上游名新安江;从建德至桐庐名桐江;再前往富春,名富春江;再前往杭州,才名钱塘江,由此东流入海。因为杭州在秦代名钱唐,唐代因讳国号,易唐为塘。钱塘江在上游的山水暴发时,江水猛涨;在下游的海潮涌入时,波涛险恶,遇到上下水势同时迸发,江水翻腾激荡,势不

可挡；遇到台风时，江面辽阔，浊浪排空，风浪更是凶险。《史记》中载有秦始皇过江的故事："三十七年十月癸丑，始皇出游。……过丹阳，至钱塘。临浙江，水波恶，乃西北二十里从狭中渡。上会稽，祭大禹"。可见钱塘江也是天堑，虽以始皇之尊，也只好绕道而行。

杭州民间还有一个说法："钱塘江无底"。一条江哪能无"底"呢？原来不是说江底下没有石层，而是说江底石层上面淤积的"流沙"没有底。这种流沙，极细极轻，不同于一般的泥沙，也不可能有稳定的形状。说是江无底，实际是江底不成形。

因此，修钱塘江桥，所要克服的自然界的障碍，确实是很多的。再加当时面临日本军国主义的侵略，需要把工程抢在战事前面完成，这就更是难上加难了。然而人定胜天，在两年半时间内，我们用了许多方法：为了征服流沙，用了"气压沉箱法"建筑基础和桥墩；为了保证质量，用了"水陆兼顾法"；为了争抢时间，用了"上下并进法"，全面赶工，一气呵成，终于把桥建成。

沉箱法

所谓"气压沉箱法"即是用一个庞大的钢筋混凝土的箱子,箱底在半空,下为工作室,覆盖在江底,放入高压空气排水,以便在工作室内挖出流沙。所谓"水陆兼顾法",即是除对水上一切工程,全盘校核,并对水下基础工程,由工程师身入沉箱工作室,对基础木桩,逐一检查。所谓"上下并进法",即是将基础、桥墩和钢梁三个组成部分,同时进行施工。下基础的同时筑桥墩时造钢梁,基础完成时桥墩也筑好了,两个邻近桥墩筑好时,整个钢梁就可架上去了。

钱塘江桥全长 1453 米,内正桥十六孔计长 1072 米,两岸引桥共长 381 米。桥分上下两层,下层为铁路,上层为公路。1937 年 9 月 26 日全桥工程就绪,铁路通车,公路面为钢筋混凝土,随亦跟着竣工。经过试车,证明全桥工程质量,合于规范。以后火车过桥,只要速度不减,同在铁路正线上一样,即是质量无损。

在全桥通车的那个时候,国内的大局是怎样的呢?卢沟桥"七七"事变,已经两个多月,上海"八一三"抗战,也已一个多月。从 8 月 14 日起,敌人飞机已来逐日炸桥,当时尚

打桩法

有一个桥墩、两座钢梁未曾竣工，幸赖上海将士，守土御敌，本桥职工得以日夜抢赶，提前完工。但虽能通车，而仅仅三个月，终于全桥沦陷，令人痛心！

公路面虽与铁路面同时完成，但为预防飞机轰炸，并为保护铁路起见，除在路面上做种种伪装外，一直未向行人和汽车开放，表示公路尚未完成。但是到了11月17日，公路不得不开放了！

本桥在设计施工时，就曾预感到，可能遇到战祸，要做种种准备。一是将正桥十六孔钢梁造得一式一样，如有一孔被炸落水，可将靠岸一孔，改成便桥，

施工现场

将钢梁移往代替。二是在靠岸第二个桥墩内预留一个方洞，以备万一紧急时，可放入炸药，自动毁桥。三是将造桥所用各种机器及设备，留在当地，以备修桥时使用。

当时，国民党反动派消极抗日，兵败如山倒。1937年11月16日，南京军事机关来人，说军事需要，明天就要炸桥，并带来了一切炸桥材料和设备。其实那时上海抗日

战事,离桥还远,问他何以要这样急迫,他说要彻底破坏这样大桥,并不简单,要在桥墩、桥梁的各个要害处,放足炸药,用"引线"接着岸上的"雷管",雷管一发火,炸药就爆炸。若要炸这桥的一个桥墩,五孔钢梁,需用十几吨炸药,一百几十根引线,把这些东西预备好,要十几个钟头,等到命令炸桥时,再来放药接线,如何来得及呢?因此要提前炸桥,至于需要提前多久,那就很难估计,最怕是炸桥不成,岂不误了大事?我和他经过反复讨论,最后想出一个两全而冒大险的办法,就是把炸桥工作分作两步走,先将炸药放好,引线接到雷管,然后停工待命,等到炸桥命令到达时,再使各雷管发火,这样只要两小时就能炸桥了。然而放进炸药,桥上还要行车走人,岂不危险,当然要有严格管理措施,才能确保安全,这就要靠与桥有关各方面通力合作了。既然把桥造起来了,当然希望它的寿命越长越好,现在眼看它的寿命保不住了,但能多延长些时日,总还是好的,如果大家用造桥的精神来保桥,管理上万分注意,虽放炸药,只要不触动雷管,应可无事。于是忍痛决定了这个分两步走的方法。16日夜里放炸药,接引线的全部工作,通宵赶完。当时在那座桥墩里预留空洞,今天果然用得上,真是不祥之兆!

17日清晨,以为可以松一口气,不料就在这时,忽然来一紧急任务,原来历年来从杭州过钱塘江,都是靠从"三廊庙"到"西兴"的"义渡",因受敌机的轰炸,渡船减少,16日这天,轰炸格外厉害,到17日清晨,江边有万人待渡而无船,难民愈聚愈多,情势严重,不得已只好顺从各方要求,不顾空袭,将大桥公路开放,于是江边待渡的人,都赶来大桥过江,其数在10万人以上,可算是钱塘江上从未有过的最大规模的"南渡"。所有南渡的人都是"两脚跨过钱塘江"的，可能有人引以为幸，而不知是在炸药上跨过的。从 17 日起，不论是步行的，或坐汽车的，或乘火车的，无一不是在炸药上过江的。这在古今中外的桥梁史上是从未有过的！可以引为自慰的是那时从无一个人因为在炸药上过江而发生任何事故。火车在炸药上风驰电掣而过，也平安无事。

不久就接到通知，要我同军事机关一起负责炸桥。12 月 21 日，日寇进攻武康，杭州危在旦夕，大桥上南渡行人更多，过桥的铁路机车有三百多辆，客货车有两千多辆。就在这天以前，那些准备修桥用的重型机船设备等，都已沉到江底，免为敌人所用。

炸　桥

12 月 23 日午后一点钟，炸桥命令到达，三点钟，引线接通雷管，本可立即炸桥，但过江群众潮涌而至，无法下手。五点钟时，隐约见有敌骑，奔走桥头，这才断然禁止行人，开动爆炸器，一声轰然巨响，满天烟雾，这座雄跨钱塘江上的新桥，就告中断！

在大桥工程进行时，有人出了一付对联的上联，征求下联，上联是"钱塘江桥，五行缺火"（钱塘江桥四个字的偏旁是"金、土、水、木)，谁能想到这个"火"字是为了全民抗战忍痛炸桥而引火烧身呢！

抗日战争胜利后，我又负责修桥，于1947年3月1日全桥铁路与公路恢复通车。从此，人们又可以"两脚跨过钱塘江"了！

原载《西湖》1979年第2期

明天的火车和铁路

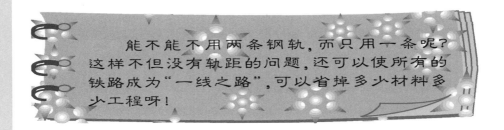

能不能不用两条钢轨，而只用一条呢？这样不但没有轨距的问题，还可以使所有的铁路成为"一线之路"，可以省掉多少材料多少工程呀！

"哎呀，小梅，这才把你找到了！上海来的旅客真是太多了！在3000人里面能把你找到，我的眼力还算不错哩！"

"是呀，小柳，我也没想到你会来接我。几个钟头以前，我还在电视机里看到你在北京体育馆里赛篮球呢！"

"路上好吗？今天这样大的风雪，我还担心你会晚到，哪知半分钟都不差！"

"什么也没有觉得。老马还在路上利用时间，画了一张精密工程图呢。我洗了个澡，一面欣赏头顶上纷飞的大雪，真是有趣极了。"

"已经过12点了，吃饭去吧！"

"谢谢，早饭吃得太饱了，现在还不饿。妈妈一定要我吃完了她做的面条才放我走。现在我急于要到机关去，半路上他们已经打电话来催过我了。"

"那么，今晚上我请你和老马看西藏来的芭蕾舞吧！"

"好吧,那么晚上见!"

"再见! 我晚上来接你。"

同学们听了这段对话,一定摸不着头脑。小梅是怎么来北京的呢?坐飞机?飞机载不下 3000 个旅客。坐船?不会在上海吃早饭而才过中午就到了北京。坐火车?火车上可不能画精密的工程图。而且在大风雪中,火车还居然能准时到达。这究竟是怎么回事呢?

原来这段奇怪的对话,今天还听不到,而是在不久的将来,你在北京站上就可能天天听到。小梅乘的正是火车,但不是今天这样的火车。

坐在明天的车厢里

明天的火车真漂亮极了。车厢是塑料做的,两壁和车顶都是透明的有机玻璃。你可以毫无阻碍地眺望车外的风景,还可以抬头观看天色。这车厢没有窗子,也不可能有窗子,因为车子走得太快,开了窗,风就太大了。但是车厢里空气新鲜,四季如春,因为有自动调节装置控制温度和空气的流通。座位是沙发椅,靠背可以随意往后仰,下面还有活动扶腿垫。你如果疲倦了,就可以躺下来睡觉。旅行中需要的设备,车厢里应有尽有。最妙的是无线电传真电话,你可以和全国各地的亲友通话,还可以预先看到前面车站有谁来接你。

然而最特别的还在于两点:第一是车厢有上下两层,每层有 100 个座位,一节车厢就可以坐 200 人,15 节车厢就可以乘 3000 人。餐车的上面一层是俱乐部,有图书馆、音乐室、台球室等,还附设浴室和理发室。第二是车厢下面用的不是钢做的弹簧,而是"空气弹簧"。坐在这样的火车里在新式铁路上奔驰,你就既不感到震动,又听不见声音,所以可以在车上打球、理发,甚至画精密的工程图。

然而这一切还不是主要的优点。明天的火车的主要优点在于运行得特别安全、特别快和异常准确,准确得和钟表一样。这三件事是互相关联的。要做到这三件事,必须有新式的机头(火车头)、新式的信号(红绿灯)和新式的铁路。

让列车跑得更快

现在常见的火车头都是冒烟的"蒸汽机车"。这种机车用煤把水烧成蒸汽,用蒸汽作为动力,"火车"这个名词就是这样来的。

蒸汽机车的缺点很多,不但速度提不高,力气不够大,而且效率很低。原来蒸汽机车烧的煤,每100公斤只有5~8公斤煤的能量是真正用来推动火车前进的,其余的92~95公斤都白白地浪费了。所以蒸汽机车现在已经有被烧柴油的"内燃机车"和用高压电的"电力机车"逐渐代替的趋势。这两种机车速度高,力气大,而且比较经济。它们的速度都在蒸汽机车的3倍以上。我国水利资源特别丰富,电力机车的前途就无限广阔。

从上海到北京的铁路,现在大约长1500公里,将来铁路修得多了,铁路网密了,还可以抄近路。每条铁路有"复线",来往的列车就可以各走一条线,不需要中途让车。再用强大的电力机车,每小时就可能跑200公里以上。到那时候，上海来北京的直达快车，沿路不停，不是六七个小时就够了吗？由于电力机车效率高，速度快，拉的车厢多，客票价格当然也非常便宜了。

再看得远些，将来的机车和车厢除了以上说明的改进，还可能有更大的革新。我们知道，列车跑得越快，空气对它的阻力越大。能不能想个办法，使空气不但不起消极作用，而起积极作用呢？飞机就是个很好的例子，它利用空气的"浮力"承担重量，利用空气对螺旋桨的"抵抗力"向前推进。将来的列车也许可以利用同样的原理，在速度达到某个限度的时候，能借空气的"浮力"腾空而起，稍稍离开路轨，免去车轮和路轨的摩擦，同时也是利用空气的"抵抗力"加速前进。如果能这样，铁路运输就格外多快好省了。

安全行车的保证

铁路上的信号是安全行车的重要保证。在"单线"的铁路上，来往的列车要在中途的车站上互相让车，当然需要信号。就是在"复线"的铁路上，向同一个方向行驶的列车速度也未必相同，后面的列车还可能撞上前面的列车，所以也需要用信号控制，才能避免出事故。

将来的信号完全是自动的，不需要人来管理。前面的一段铁路上没有列车，绿灯就亮了，如果一有列车，绿灯就立刻变成红灯。机车上有一种电力装置，前面一出现红灯就能自动停车。

通过这种自动信号，还可以在车站的调度室集中调度列车的运行。在 100 公里的范围内行驶的列车，只要

一个人就能调度。他不但可以通过各种信号,知道各条铁路上列车的运行情况,还可以通过电视,亲眼看到这些列车;他不但可以用按电钮的办法来向列车发出信号,还可以用无线电话和列车上的司机通话,就像现在飞机场上的调度员指挥飞机航行一样。

还要有更好的铁路

有了好的车厢,好的机车,有了好的信号和调度系统,是不是就能大开快车了呢? 还不行,还需要一个更重要的条件,就是要有更好的铁路。

铁路的特点就在于它有两条铁轨,轨面很光滑,车轮在上面滚的时候摩擦力很小,所以能走得快。路轨本来是铁的,所以叫"铁路";现在都用钢了,就该叫"钢路"。然而将来,也许会用更光滑而又便宜的玻璃轨、陶瓷轨,那该叫什么路呢? 还是叫它"铁路"吧! 就像用蒸汽机车拉的列车叫"火车",用了内燃机车、电力机车,甚至将来用了原子能机车,难道得一次又一次地改名字吗? 为了方便,仍旧叫它"火车"吧!

目前的铁路有许多缺点:首先,钢轨是一节一节接起来的。这样做原来是为了适应温度的变化,在每两节钢轨之间留一条缝,好让它热胀冷缩。但是就因为有了缝,车轮滚动的时候,每遇到前面一节钢轨的头,就冲击一下,造成了震动和扰人的响声。其次,钢轨是钉在木质的轨枕上的,木质轨枕不但强度不够,而且寿命不长,很不经济。再次,钢轨钉在轨枕上,轨枕埋在碎石渣铺成的道床里,道床又铺在泥土筑成的路基上,它们并没有结成整

体,容易松动,影响铁路的强度,使火车不能尽量开快。

这些缺点,现在正在开始被克服。钢轨可能一节一节焊接起来,这种钢轨叫做"长钢轨"。长钢轨钉死在轨枕上,温度变化时也不会变形。用长钢轨铺的线路叫做"无缝线路"。轨枕可以不用木头,而用既坚固又耐久的"预应力钢筋混凝土"。至于把钢轨、轨枕和道床结合成一个整体,现在也提出了几种"整体道床"的方案。

目前世界各国的铁路还有个成规没有被打破,那就是钢轨一定要有左右两条,列车才站得稳。这两条钢轨之间的距离叫做"轨距"。各国铁路的轨距不同,苏联和越南的机车和车厢一般都不能在我国的铁路上行驶,我国的也不能开到苏联或越南去,对于国际联运很不方便。

能不能不用两条钢轨,而只用一条呢?这样不但没有轨距的问题,还可以使所有的铁路成为"一线之路",可以省掉多少材料多少工程呀!但是在一条钢轨上,列车怎么能站得稳呢?这也不难,只要在每节车厢里装上左右两个飞轮,飞轮有平衡的作用,飞快地旋转起来,就能使车厢稳定。

明天的铁路在呼唤你们

火车要开得快,要求线路又平又直,要求尽可能少经过桥梁隧道,所以测量选线工作非常重要。线路选择得好,不但能减少工程量,而且是火车能开得快的基本条件。

在解放以前,官僚地主霸占着土地,线路要从他们的土地上通过,就有许多麻烦,甚至根本通不过。在现在社

会主义制度下，这些障碍早已一扫而空了。我们还可以用最新的科学技术装备来测量和选择线路，如利用飞机航测。假如把上海到北京的线路重新选定，免去所有的不合理的弯道和坡度，又改用长钢轨和整体道床，电力机车在这样的铁路上行驶，就可以把速度提高到每小时200公里以上了。

少年朋友们，现在你们明白了吧，上面的一段对话是完全可以实现的，并且用不着等到遥远的将来。比如全金属双层客车、内燃机车、电力机车、新型信号、焊接长钢轨、预应力混凝土轨枕等，我国都已试制成功了，而且所用的机器、材料和仪器等也都是我国自己造的，不久可以大批生产。这些都是实现前面这段对话的条件。

当然，还有许多条件目前还是科学的幻想，还需要做不少的科学研究工作，还需要大力进行艰巨的工程。少年朋友们，如果想乘上现代化的火车，现在就要立下大志，好好学习，准备将来献身给火车和铁路的科学技术工作。

明天的铁路在呼唤你们！一切伟大的社会主义建设事业都在向你们招手。

选自中国少年儿童出版社《奔向明天的科学》，
1963年出版

为什么看不见柱子

柱子是正直的，能够在整体内独立担当重任。它有大有小，有长有短。有的出现在大庭广众之中，有的躲在角落里，没有人注意它。

你愿意做根看不见的柱子吗？

当你走进一个大教室、大会堂、电影院或者运动场，而发现在那里看不见一根柱子：上面的屋顶或者楼板，虽然非常宽，好像就是轻巧地放在四围的墙上，中间空空的，什么支持的东西都没有。你会感觉到有点奇怪，甚至吃了一惊吗？ 如果是的话，那就算你平常注意到柱子的作用，知道柱子在房屋建筑里是不可缺少的。既然你对柱子有兴趣，我们就来谈一点关于它的科学技术吧。

柱子孤零零地站在地上，四面无依无靠，上面负担着房顶或者楼板上的重量，下面很牢靠地在地底下生根。它是长长的，笔直的，而且上下一般粗的。它把上面房顶或者楼板的重量转送到下面的地土中。它在房屋建筑里起着骨干作用，所有它上面的重量，不管多大，都由它包下来，由它负责，很好地传达到地里。房屋里有了柱子，有它顶住上面的东西，我们就可安心地在下面读书或工作,它真是把方便让与别人,把困难留给自己啊!

　　当然,一个房子里总有好几根柱子。房顶或楼板上的重量,一般都是放在横的材料(叫做横梁)的上面,然后把横梁放在柱子上面。一根横梁至少要两根柱子顶住,一头一个。有的时候,一根柱子顶住横梁的一头,另一根柱子顶住横梁的中段,让横梁的另一头伸出来,在伸出来的一段横梁上铺楼板,在楼板的下面便看不见柱子了,这就是一般剧院里或电影院的楼上观众厅的构造。房顶或楼板下面的横梁是可长可短的,在一定宽度的房顶或楼板下,横梁长了,需要的数目就少了,短了需要的就多。每根横梁要两根柱子,那么,横梁越长,当然柱子也就越少。如果房顶或楼板下面,在宽的一面,只有一根横梁,那么,这横梁的两根柱子就在房子的两边,房子当中,就看不见柱子了,所以,要想房子当中看不见柱子,那就需要两个条件,一个条件是柱子上的横梁要长,横梁长了,上面房顶或楼板的重量就大了,柱子顶住横梁也就更吃力了,第二个条件是,柱子既然更吃力,它就要有更大的强度。

　　一根柱子的强度是怎样决定的呢?首先要看柱子的材料。我们可用木头、砖头、石头、钢铁、混凝土、钢筋混凝土等等材料做柱子。这里,钢铁和石头的强度较高,木头和砖头的强度较低。第二,要看柱子的形状,比如方的、圆的、八角的、长方的、工字形的等等,一般说来,圆的最好,因为它的强度是均匀的,方的四个尖角总是容易损坏的。柱子还可做成空心的,像个很厚的管子。用同样多的材料,空心的柱子就比实心的柱子的强度高。这种空心柱子叫做管柱,武汉长江大桥的基础就是用这种管

柱做成的。第三，要看柱子的长短和它粗细的比例。短的粗的比长的细的强度高。因此，同样长的柱子，越粗越好。空心柱子所以好的原因，也在这里，因为它既然空心，就可做得更粗了。第四，要看柱子的上头是如何用横梁联结的，下头是如何同地基联结的。联结得越坚固，柱子的强度越高。老式的房子都用木头做柱子，柱子下面放在石头上，这块石头叫做"础"，所以我们现在都把下面生根的地方叫做"基础"。第五，要看柱子下面地土的情况，不管柱子本身如何好，如果地土很松，或者本来很紧，但遇到水就松了，那么，柱子就会往下沉，或者变歪了，柱子上面的横梁也就不稳了。所以柱子的基础一定要放在坚固的地土里，对于松软的地土，要用各种方法来加强。

为什么一根柱子的强度，要由这五个条件来决定呢？因为柱子是受上面重量的压迫的，同时它又受下面基础的顶托，柱子夹在当中，上下都对它"进攻"，它当然就被压短了，但是柱子是不愿意被压短的，这就引起了柱子的抵抗，这个抵抗就表现为柱子的强度。柱子的材料越好，它的形状越粗大，当然它的强度就越高。但是柱子在被压短的时候，如果不凑巧，它还有弯曲的形状，变成了一张弓的背一样，那就很不利了；柱子一弯，它就会越弯越多，因而柱面开裂，上面横梁走动，这是很危险的。为了防止弯曲，柱子的长短和粗细就要有一定的比例，我们常说高大的柱子，就是因为高的柱子一定要大，才不会弯曲。此外，柱子的上下两头，如何联结，也与弯曲有关系；联结得越坚固，弯曲越少，柱子也更加稳定。

我们说，柱子的强度是越高越好，这句话是相对的。是说，在同一横梁下面，用同样好、同样多的材料，能使柱

子的强度高,那才是我们的目的。在这里,就要看设计的巧妙了。好的设计还要好的施工来实现,理论要和实际结合,这是对柱子和一切建筑的共同要求。

必须了解,一根柱子在一个房子里的作用并不完全是由它本身的强度来决定的。房子里有很多柱子,柱子上有横梁,横梁上有楼板,高楼的柱子更有几层横梁,上面还有屋架屋顶。所有这些柱子、横梁、屋架等等,共同结合成为一个整体,在这整体内,柱子仅是一个单位,只能发挥部分作用;把各单位的部分作用集中起来,这个整体才能有整体作用。在整体作用中,柱子的强度和其他单位的强度,打成一片,如果一个单位的强度,因为某种原因而减少了,其他单位就会来支援,好像有大协作的精神一样。在任何建筑里,这种总体作用的影响是非常重要的。同时,在建筑设计里就要特别注意这种总体作用。比如,柱子因为上头有重量而下面是土地,总是会下沉的,好像这是可怕的,但是如果所有的柱子都下沉得一般多,并且同其他单位发挥整体作用,那么,这座房子就能平平稳稳地下沉,并不影响它的安全。

在一座房子的整体作用力,一根柱子的作用,可以很大,也可很小。比如马戏场的帐篷是靠中间一两根柱子顶起来的,这个柱子的作用就特别大;又如扶手栏杆里一条条直的细木杆,也是柱子,但它的作用就很小。然而,无论作用大小,每根柱子都还是少不了的,都有它的一定贡献。任何大的柱子都不能离开房子整体而孤立地起作用。只要在整体里面,任何小的柱子也会在一定时候担当特别重大的任务。

有的柱子在房子里占着特别显著地位,人人看得见,成为装饰品，比如大会堂里主席台两旁的大柱子，油漆得非常漂亮。也有的柱子虽然上头顶着很长很大的横梁，十分吃力，但却在房子两边，而且隐藏在一道墙里，没有人看见它。

柱子是正直的，能够在整体内独立担当重任。它有大有小，有长有短。有的出现在大庭广众之中，有的躲在角落里，没有人注意它。

你愿意做根看不见的柱子吗？

1963 年

选自湖北教育出版社《茅以升科普文集》，
1992 年 2 月出版

向铁路现代化进军

现代化铁路要求："多拉"、"快跑"、安全、准时、经济。

铁路是"先行官",大家都这么说,我们搞铁路的人,也这么想。在各项工农业生产中,运输是个必不可少的环节,而在各项运输中,铁路的负担最重,是生产中的继续,因而我们的工作就是带有关键性的。我们不但要贡献力量,而且往往要走在前面,不能拖建设或生产的后腿。看来,这个"先行官"既是光荣,但又确实难当。过去,我们没有辜负人民的期望,今后,我们要更加努力。

既然是"先行官",我们就要向自己提出严格的要求。这些要求都同等重要,例举如下:一是"多拉",就是每趟列车要满载,拉的吨数要多。要货等车,不能车等货。二是"快跑",火车要跑得快,分秒必争,越快越好,要平稳飞驰,不能时快时慢。三是安全,不出事故,并且要乘客舒适,货运无损,也就是要较高的运输质量。四是准时,要整点开车,正点到达,要乘客和货主,都能按火车时刻表,进行计划,火车误点是国家的损失。五是经济,在各种运输中,除水运和管道外,铁路应当是最便宜,要千方百计减少各种浪费,特别是视若无睹的微小浪费。

以上五个条件就把铁路这个行当束缚住了，不但形成各种限制，没有活动余地，而且这五个条件，彼此互相矛盾，顾此失彼，很难调和一致。比如，装车过重，影响速度。速度过大，妨碍安全。如果面面俱到，又增加行车成本。怎样才能全面地满足这五项要求呢？就要总结经验，逐步实现铁路现代化。

我中华民族为勤劳勇敢的民族，自古以来我国科学技术在很多方面，居于世界的领先地位。只是到了15世纪以后，才逐渐衰退下来。一声春雷，全国解放。毛主席特别关怀科技事业；周总理在四届人大会议上向全世界宣布，要在本世纪末把我国建成为四个现代化的伟大的社会主义强国。党中央为了提高整个中华民族的科学文化水平，提出向四个现代化进军的伟大号召。我们铁路系统广大职工，与全国人民一道，热烈响应，并且有信心，在四个现代化中，也争取充当"先行官"。

什么是铁路现代化？首先要了解国外的现代化的现状和它们发展的趋势。速度是衡量现代化的一个重要标志。现在日本新干线的行车速度达到210公里每小时，法国的"航空列车"的速度300公里每小时。他们都在试验"气垫"和"磁垫"列车，争取每小时速度达500公里，来和国内飞机竞争。美国铁路早已开始衰退，已经拆去不少，近来方有新技术，希望恢复过去的繁荣。速度加快了，铁路先行的其他四个条件又面对新情况，产生了新的难题。要对整个铁路行车装备，进行新式的机械化、电子化与自动化，并使运输管理彻底科学化。更重要的是要铁路线路现代化，包括钢轨、道床及桥梁隧道等都要能承担高速行车。桥梁一孔跨度及隧道一段长度，都在日益

延长。日本施工的桥梁一孔跨度达 1780 米,施工的海底隧道一段总长达 54 公里。世界现代化的趋势如此,我们能不急起直追吗? 为加速我国铁路的现代化,提出四点意见。

一、自力更生　首先是要建立社会主义强国。我国地大、物博、人多,有 5000 年的文化历史。解放后,全国人民政治觉悟提高,经历了天翻地覆的大变化,团结奋斗,敢作前人从未敢作的事。我们正在全国建立起第一流的科学技术队伍,赶超世界科学上的先进水平。铁路系统内高等学校和科研机构也在日益充实扩大,承担着现代化中的基本理论、尖端技术以及我国特有问题的研究。我们的铁道现代化,最能显示出我国自力更生的潜在力量。

二、引进技术　我国古代的四大发明,经阿拉伯传入欧洲。近代的铁路,由外国传入我国。若非帝国主义者借此剥削,国际交流,往来贸易,本属正常活动。铁道现代化中,以引进技术作为自力更生的补充,并不失为一种及时的经济手段。

三、加强理论　在技术革新和技术改造中,如只知其然,而不知其所以然,则科学上无由突破,技术上不能革命。不论突破与革命,都不可能偶然巧合,灵机触动,顿觉一线光明,就把荆棘前途照亮了,而总是经过实干、苦干、巧干而终于把理论贯通,摸出自然规律,方能有所独创。铁路里面的理论,有两大类,一是自然科学,一是技术科学,虽然都是自然界物质运动的规律,但如何把这许多规律,系统化起来,则有不同的综合途径。自然科学的规律是按自然界现象,如声、光、电、磁等等系统化起来的。技术科学是按铁路建设和运输同各种施工和生产过程，系统化起来的。对广大群众及干部来说，学习技术科学应先于自然科学。毛主席在"做革命的促进派"一文中劝干部先学技术科学，后学自然科学。

四、重视科普 科学普及工作是钻研科学理论的一个重要阶梯。广大铁路职工，在施工和运输现场，开展科学实验革命运动，就以科学普及工作为主要任务。铁路对科普工作有极优越条件：①开行"科普列车"遍历全国，可以深入边疆及内地。列车内有科普展览，报告录音，技术表演，道具等等，以车站为会场，进行广泛宣传。②铁路学会各专业委员会可以组织主讲人及宣传队，随科普列车，顺铁路沿线作报告。③每个工厂，每个车站，每个驼峰编组站都是统一领导的，因而可以按计划，分批分期，进行广泛宣传。④增设铁路沿线广播站，按时发放科普节目。⑤由铁道出版社印行各种科普教本、科普丛书刊物。⑥成立了铁道科普创作协会，交流写作经验，启发写作思想，并研究科普图画、美术工艺作品等。

党中央要求全国人民大大加快在本世纪内把我国建成社会主义现代化强国的速度。我们铁路系统的广大职工面临这样新时期总任务，在新的长征途上，更要快上加快。让我们鼓足干劲，勇登科学高峰，纵游技术大海，保持"先行官"的荣誉，向铁路现代化大进军！

原载《铁道知识》1980 年试刊号

为什么一个又扁又长的建筑物——桥,能够稳固呢

一个又扁又长的建筑物——桥,好像不如一般房屋建筑物四平八稳。这就需要把整个桥梁结构和支持桥梁的桥墩很好地联系在一起,使它们形成一体,发挥整体作用。

一座跨越河流、山谷的桥梁,就是架在空中的一条道路,它的用途是把两头的道路连接起来。因此,对车辆交通来说,桥应当发挥和路一样的作用,不因过桥而减轻车辆的载重或速度。这样,桥就可当做路的一部分,既不能比路弱,也不必比路强。桥上路面的宽度和两岸道路宽度相等,就够用了,不必太宽。但是,一座桥的长度和高度,是由地理条件来决定的,如果它的宽度较小,和长度及高度不成比例,那么,这座桥就形成一个又扁又长的建筑物,好像不如一般房屋建筑四平八稳了。这就需要把整个桥梁结构和支持桥梁的桥墩很好地联系在一起,使它们形成一体,发挥整体作用。

有个很好条件,不论火车或汽车过桥时,它们都是一直向前走,而不向左右冲撞的。凡是骑自行车的人,都有这种经验:车跑得快时,它不会倒,愈快愈稳。这是由于

车的向前"惯力"克服了它左右摇摆的倾向。桥上车辆在急驶时的情况也一样。尽管桥是很长很高的,如果桥梁和桥墩的强度足以抵抗车辆的风力以及流向桥墩的水力,这类动力是有把整座桥推向一边倒的趋势的。因此,不论桥的长短高矮,都要有横贯桥身的"支撑结构",来加强抵抗左右摆动的稳定性。桥墩总是上小下大的,桥梁也有时做成上狭下宽,都是为了这个缘故。

可见,桥和房屋建筑一样,总是要造得四平八稳的。

选自湖北教育出版社《茅以升科普文集》,
1992 年 2 月出版

桥梁远景图

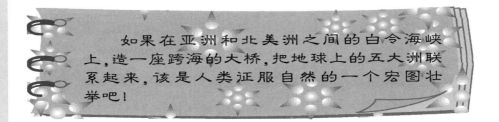

如果在亚洲和北美洲之间的白令海峡上，造一座跨海的大桥，把地球上的五大洲联系起来，该是人类征服自然的一个宏图壮举吧！

少年朋友们，你们都该听过牛郎织女的神话吧，牛郎和织女原是天上的两颗星，据说他俩都是神仙，每年在"天河"上的鹊桥相会一次。这"鹊桥"就是喜鹊搭的一座桥，它们真是杰出的桥梁工程师——你们想想看，这天河该有多宽啊！同时也可见桥梁的重要，虽是神仙，也还需要桥。

古老的赵州桥

据说世界上第一座桥（不算那大树倒过河的天然的桥）是猴子造的。那时还没有人，一大群猴子要过河，就由一个先爬上河边的树，然后第二个上去，抱着第一个的腿，第三个再上去，抱着第二个的腿，如此一个一个地上去，一个抱一个，就连接成为一长串的猴子；再由地上的猴子把这一串猴子推动得摇摆起来，好像荡秋千一样，这样越荡越远，就把这一长串猴子甩过河，由尾巴上的最后一个猴子，抱住对岸的一棵树，这一长串猴子就形成一座桥，地面上的猴子就可在"桥上"爬过河了。

人类什么时候开始有桥，很难查考，但是可以肯定，一个民族有了文化就有桥，桥是文化的表征。我们祖国有4000年的文化，就有4000年的造桥历史，其中最突出的是1300多年以前造成的"赵州桥"，位于河北省石家庄附近。这座桥自从造好以后一直到现在还能过车走人，从未中断过，它的外貌就好像是一座现代化的桥梁。当然，我们祖国大地，到处都有桥，有各式各样的桥，有的造桥技术是世界上领先的。你能设想，假如我们中国不会造桥，我们中华民族能够发展到今天吗？所以我们要感谢我们祖先中的造桥的劳动人民，是他们的智慧和力量使我们今天还能看到无数的古桥，现代车辆还能在那些古桥上通过。

周游世界五大洲

桥是路的"咽喉"，没有它就过不了河川，跨不过山谷。比如长江，号称南北"天堑"，就因为它过去没有桥，所以在我国历史上造成了几次南北分裂的朝代。但是我国一解放，在中国共产党的领导下，就在这"天堑"上，先建成"武汉长江大桥"，接着又建成更宏伟的"南京长江大桥"。至于在黄河、淮河、珠江等河流上建成的桥梁就更数不清了。

桥梁的科学技术，在世界上发展很快，可以说，现在已经没有什么不能造的桥了。要说桥长，在美国已经有

了一座跨过大湖的桥，共有 2217 孔，长达 38 公里。要说桥大，目前在日本正修建一座跨过海峡的桥，一个孔就长达 1780 米。照这样发展下去，将来就有可能在亚洲和北美洲相隔 85 公里宽的"白令海峡"上，造起一座桥，人们坐上汽车，就可周游五大洲，不管它什么太平洋、大西洋的阻隔了！

说起来，这并不奇怪。桥是什么？不过是一条板凳。两条腿架着一块板，板上就可承担重量。把这板凳放大，"跨"过一条河，或是一个山谷，那就形成一座桥。在这里，板凳的腿就是"桥墩"，桥墩下面，伸入土中的"脚"，就是"基础"，板凳的板就是"桥梁"。一座桥就是由这三部分构成的。桥上的车辆行人，靠桥梁承载；桥梁的重量，靠桥墩顶托；桥墩的压力，通过基础，下达土中或石层。

然而，桥梁、桥墩和基础这三部分的花样实在多。桥梁架在两头桥墩上，可以是平直的，叫做"梁桥"，也可以是向上弯起的，叫做"拱桥"。如果在两头桥墩上，竖起两座高塔，塔顶上跨过钢绳，钢绳下面吊起桥身，桥身上走车行人，这就叫做"吊桥"。普通的桥，不过这三种，但每种都有层出不穷的新花样。譬如"拱桥"里面就有"双曲拱"，是我国工人发明的。"吊桥"里面就有"斜拉桥"；更有一种"吊桥"，不用桥墩，而把整个桥身，吊在河边的石山上。所有这些现代化的桥梁，五花八门，谈也谈不尽。人类智慧是无穷的，今天以为新的大桥已经了不起了，可是明天、后天的桥，更是了不起。那时来看今天的桥，也许会感觉到，为什么以前的人，会那样笨呢？

现在就让我来作为幻想家，为将来的桥梁，绘出一幅

"远景图"吧！

有人说将来飞机多得不得了，人人都可在天上飞，还要什么火车、汽车，更不需要桥梁了。我想不见得。飞机的速度虽无止境，但地球还只是这么大，而且人口也在增多，将来人们全都坐飞机上了天，挤来挤去，还能飞得快吗？这就不能不发挥陆上交通和水上交通的潜力了，因而桥梁还是少不了的。不过，那时的桥梁就不是今天的样子了。

转瞬间一桥飞架

将来的桥梁一定造得又快又好，像南京长江大桥那样大的桥，几个月就可以完成了。那时所有建桥的材料，都可在工厂里通过自动化，预先制成"标准构件"；造桥时，在水里把它们拼装成为桥墩；在桥墩上把它们架设成为桥梁，一口气作业，几乎是才听说造桥，就看见"一桥飞架"了！

将来的桥梁一定造得很便宜。现在用的各种"合金钢"及高强度"混凝土"会由"高分子"新材料来代替，重量轻而强度高。桥梁构件的制造，一律自动化。桥墩的水下工程，可用"机器人"操作，动作灵巧，由人在水上指挥。桥墩基础，不必沉到那么深，在轻松的土质中，可以加进"凝固剂"，把软土变成硬土。架桥时，全用"电脑"控制的各种机具，差不多不需人的劳动力。采用了这些新技术，当然桥的成本就低了。

将来的桥梁一定造得很美。一座桥的轮廓和组成部分，会安排得为大地生色，为江山添娇。桥的"构件"不再

是现在的直通通的棍子，而是柔和的，有如花枝一般；它也不是头尾同样粗细，而是全身肥瘦相间的。各个构件都配搭成各种姿态，而且各有不同的色彩，把全桥构成一幅美丽的图画。桥上的人行道上还有小巧玲珑的亭台楼阁，让人们在这长廊中穿过时，"胜似闲庭信步"。

新式活动桥

将来的桥一定造得很低。现在造桥的费用之所以大，往往不在桥长而在桥高。因为桥下要走船，如果水高船也高，水涨船高，桥就更要高了。桥一高，两岸的路面也要高起来，高的路面上又要造桥，这种桥的下面是陆地而不是水，名叫"引桥"，引桥的工程往往比水上"正桥"的工程还大。现在有一种"活动桥"，桥面很低，平常走车，等到有船过桥时，就把一个"桥孔"开开来，等船过去再关上。但是因为桥孔的开关很慢，对于走车过船都不方便，因而这种桥虽然便宜，却用得很少。将来的桥梁，可就大不同了。桥孔可以用极轻的材料，如用玻璃钢制成，开动桥孔的机器也比现在的灵活得多，因而开桥、关桥的时间极短，每次不要1分钟。而且桥上有自动远距离控制设备，有船过桥时，它会自动打开桥孔，并且预先对两岸路上的车辆发出信号，让它们知道桥下正在过船。等船一过去，又立刻自动关好，车辆可以很快地过河，这样对于水陆交通，两不妨碍。这种新式的活动桥，比现在的"固定桥"便宜得多，不要好多年很快就可以实现。

没桥墩的长跨度桥

将来一定会有没有水中桥墩的大桥。现在的郑州黄河铁路桥，长约 3 公里，河中有很多桥墩。但到将来，像这样的长桥，或者更长的桥，如果有需要的话，只要一个桥孔，就可跨过江了。江中没有桥墩，对于过船、过水，当然好得多。这样长"跨度"的桥，一定也是很高的，最适宜于跨海。

浮在水面的桥

将来在很深的水里造桥，不必把桥墩沉到江底，而把桥墩做成空心的箱子，让它浮在水中。桥上无车时，它就浮得高些；桥上有车时，它就浮得低些。这高低当然不能相差过多，以免行车困难。同时，还要把各孔桥梁，从桥的这一头到桥的那一头，牢固地联系在一起，使整个桥梁成为一体，车在上面走，不致颠簸不稳。

不用引桥的弯曲桥

将来的桥不一定是直通通的，而是可以弯曲的，车子过桥就转个大转弯。这是因为桥两头的路都与河身平行，与桥身垂直，如用笔直的桥，桥两头的"引桥"就不易布置了。现在公园里有"七曲桥"、"九曲桥"等，一段曲向左，一段曲向右，为的是点缀风景，并非使桥转弯。将来的弯曲桥可就大不同了。问题在于桥孔的长度。每孔

桥搭在两头桥墩上,如桥身弯曲过甚,桥墩就支持不住了。可以设想,这种弯曲的桥身,不靠下面的桥墩的支持,而靠空中的缆索悬挂,缆索是固定在两岸的石山里的,这个弯曲的桥身,不就可以自由转弯了吗?

可随身带的袖珍桥

将来也会有很小很轻便的桥,可以随身携带,遇到小河,随时架起来,就可在上面走过河。这种"袖珍桥"也许是用一种极轻极软、强度又极高的塑料,制成极薄的管子,用打气筒打进空气,这管子就成为一根非常坚硬的杆件。用一些这样的塑料杆件,预先造成桥的形状,把它们折叠起来,放在身边,如同带雨衣一样,在走到河边时,打打气就架起一座桥,岂不是不用"望洋兴叹"了吗?

"无桥飞渡"

将来还会出现"无桥飞渡"。那时的车子装有利用高压空气的"浮力"设备,在高速度时,车子就会稍微离开地面,不靠地面支持而飞速前进,遇到小河,就能一跃而过。这种长了"翅膀"的车子,越来越多,将来在大河修桥时,只要在水里造几个桥墩,当车子跳上第一个桥墩,由于桥墩的反击,再跳上第二个桥墩,不论河面多宽,多跳几跳,也就跳过去了,这样的"无梁桥",该算是最进步的桥吧!

选自上海少年儿童出版社《科学家谈 21 世纪》,
1979 年出版

没有不能造的桥

有人就有桥,世界上没有不能造的桥!

路是人走出来的,有了路,就要桥。哪里有人,哪里就有路,同时哪里也就可能有桥。人是需要桥的,同时人也能造桥。只要有能修的路,就没有不能造的桥。人能移土填海来修路,也能连山跨海来造桥。人们改造自然的雄心壮志,就在修路造桥的工作上,也能充分表现出来。不但表现出和自然界斗争的集体力量,也表现出了征服自然、改造自然的聪明才智。"一桥飞架南北,天堑变通途。"这便是近代造桥技术的新成就。

桥是路的一部分,没有路,当然就没有桥;桥不能没有联系的路而孤立存在。桥的存在是为路服务的。既然是为路服务,就要能满足路的要求。第一,所有路上的车辆行人,都要能安全地顺利地在桥上通过。第二,车在桥上走,要能和在路上走一样,不能因为过桥而使行车有所限制,比如减轻载重,降低速度,一车单行等等。第三,路上交通运输,总是天天发展的,路还可以跟着改造、加强,桥就不那么简单,一定要造得比路更为坚固耐久。满足了以上这些要求,桥和路才能成为一体,合为一家。否则

那就是"路归路,桥归桥",不能密切合作,共同为陆上运输服务了。

桥和路不但要为陆上运输而合作,它们还要为水上运输而合作。因为过河的桥,下面要走船,水涨船高,不但桥要造得高,而且路也要跟着高。桥在过河的地位上要服从路,路在两岸的高度上,也要迁就桥。桥和路都是越高越难造的,但是为了行船方便,就把困难留给自己。桥和路跟船合作得好,这个困难就解决了。

不论行车或走船,总不要因为过桥而使人感到不适,或是激烈震动,或是骤然改变方向,使桥形成一个"关"。如果车在桥上走,如同在路上走一样,船在桥下过,如同河上没有桥一样,有桥恍同无桥,这种桥就算是造得真好了。但是,对行人来说,有桥也并非坏事,能在一座桥上走走,饱览河上风光,两岸景色,岂不令人心旷神怡!

从走车、行人的观点看,桥就是一种路。不过这种路不是躺在地上,而是跨过一条河道或是横越一个山谷的。因此,桥是从地上架起来的一条空中的路。路在空中,当然问题就多了。这个空中的路,一般只是跨过一条河,或者越过一个山谷,或者和另一条路立体交叉,它的长度,总是有限的。但如高架铁路或高速公路,因为架在空中,虽名为路,但实际是桥,以桥代路,这"桥"的长度,就大得可观了。

一座桥所以能成为空中的路,因为在两岸桥头,它有"桥台",在河道水中,它有"桥墩",有了"台"和"墩",才能架起桥身(名为"桥梁"),三者联合在一起,才能构成一座桥。桥墩有两个问题,一是妨碍航运,一是阻挡洪水,所以一座桥的桥墩,愈少愈好,然而桥墩少则每孔的桥梁长，如果一座桥的桥墩和桥梁的造价约略相等，这桥才算是经济的。这就牵涉造桥过河的地点问题，是要桥的位置服从路的线路，还是路的线路服从桥的位置呢？这是一个经济上要考虑的问题。

桥梁的设计与施工，有一个重大的特点，即不但要力求经济，而且要绝对保证安全。假如一座造成的桥，因为承载车辆过重，或者行车速度太快，或者洪水、台风等等影响，桥身断裂坠入河中，则对生命财产的损失，何可胜计！这比起其他很多工程，如果失败，只浪费财产而不影响生命，更是大不相同。

桥，不论它的长度多大，都不足显示它的技术优点；足以显示桥的技术优点的是桥的"跨度"，就是一座桥架在两头支座之间的架空长度。一座桥就像一条板凳，板凳两条腿之间的架空长度就叫做跨度；几条板凳头尾相连，就构成一座长桥。板凳虽多，它的强度仍只是决定于一个板凳的长度。

板凳就是一座"梁桥"的简单模型。板凳的板，好像是桥的"梁"；板凳的腿，好像是桥的"墩"；板凳的脚立在地上，就好像墩是建筑在"基础"上。"梁"、"墩"和"基础"构成一座桥梁的三大部分。每一部分都有各种不同的形式，构成不同类型的桥。

"梁"是承托铁路或公路"路面"的建筑物，是直接受到桥上车辆行人的"荷载"的（重量和振动）。最简单的"梁"，是几座既平且直的"板梁"，架在两头桥墩上。这种"板梁"的"跨度"不可能太大，要加长"跨度"就要把"桥梁"的板，改成各种"结构"，来承担"荷载"。所谓"结构"就是用许多"杆件"拼成的一种梁。比用平直的"梁"

更为经济的办法，是把梁"拱"起来，让它向上弯成"拱"，在"拱"的下面或上面安装路面，这就形成一座"拱桥"。更经济的办法是用"缆索"，跨过两岸上立起来的高塔，把缆索的两头锚定在土石中，然后从"缆索"上悬挂起路面，就像一根绳子上吊起洗的衣服一样。这种桥叫做"吊桥"。"梁桥"、"拱桥"、"吊桥"，是桥梁的三种基本类型，我国几千年来，就造过无数的这三种桥。

福建泉州的"洛阳桥"是宋代（公元1059年）建成的石板"梁桥"，总长834米，有47孔，每孔"跨度"16米左右，用长条石块，架在桥墩上作路面，桥墩下的"筏形基础"设计，比外国的早800年。河北赵县的"赵州桥"是隋代（公元605年左右）建成的"石拱桥"，只有一孔，"跨度"长达37.02米，建成至今虽已1300多年，但它的雄姿依然不减当年，堪称世界上最古老的石"拱桥"。四川泸定县的"泸定桥"是清代（公元1706年）建成的铁索"吊桥"，跨度103米，是1935年我英雄红军长征路上强渡"大渡河"的革命纪念地。以上三座桥是我国古桥中三种基本类型的代表作。其他名桥，数不胜数。

我国自从有了铁路，就有了新式的钢桥和钢筋混凝土桥，桥的结构也有了多种形式。解放前，滔滔长江，没有一座桥；滚滚黄河，上面也只有三座桥。解放后，我国桥梁建设，日新月异，长江上先后有了武汉、南京等铁路、公路联合大桥，黄河上造了二十几座桥。其他大小河流上的铁路、公路桥，遍布国内。它们的型式和古桥一样，基本上仍是这三种，即梁桥、拱桥和吊桥。但每种都有创新，如武汉、南京长江大桥都是三孔钢梁首尾连成一联的"三联连续桥"。又如许多的钢筋混凝土拱桥中，造成"双曲拱"的型式。所有这些新结构的目的都是为了节约材料并增加安全度。其方法是控制材料的变形,不使超出限外。

板凳的板上站了人,板就要向下微微弯曲,这时板的下面就要被拉长,上面就要被压短(这可以用简单试验来证明)。但板的材料(木、石或其他)是要抵抗"变形"的(这是所有材料的特性)。抵抗被拉长时,就有抗拉"应力";抵抗被压短时,就有抗压"应力"。比如石料,抗压强度大大超过抗拉强度,因此如果把梁做成拱形,在担负"荷载"时,这拱就要被压短了(也可试试看),引起材料的抗压应力,而这正是由石料的抗压强度来决定的。同时,拱不大可能被拉长,这就避免了材料的弱点。所以"拱"比平直的"梁"更经济。同样的道理,一条绳子只能被拉长而不可能被压短,如用钢缆把桥的路面吊起,就能充分发挥材料的抗拉强度,同"拱"能充分发挥石料的抗压强度一样。但钢的强度比石料大得多,所以"吊桥"跨度可以比"拱桥"跨度大得多。

一座桥的形式,决定于所用的材料和材料做成的"结构",要加大"跨度",就要充分发挥材料的强度,而克服它的弱点。

桥墩是桥梁的支柱,桥上车辆的重量和振动影响,都要通过桥梁而达到桥墩,再加桥梁和桥墩本身的重量,以及桥上风力、桥下水力等等,桥墩的负担,可就不轻了。不但如此,桥墩这个支柱,有一部分是在水里的(越过山谷的桥的墩,有时也有小部分在水中),而水是很难对付的。因此,建筑桥墩的材料,既要有强度,还要能抗水。当桥梁在承载过程中变形时,桥墩也跟着变形,不过这个变形，主要是压缩，因此桥墩的材料必须要有较大的抗压强度，但它的结构形式却比较简单，重要的是，桥墩要"立"得牢，桥梁才能"坐"得稳；要桥墩"立"得牢，就要有坚强的"基础"。

桥梁基础是把全桥上的重量和一切振动影响传达到地下的一个结构。它是桥墩的"脚跟"，是全桥和地下联系的一个"关键"。因此，它必须建筑在石层或坚硬土层上面。当它在受到桥墩向下压迫的作用时，除了自己压缩变形以外，还会使下面的土石层跟着变形。由于土石层的变形，基础、桥墩以至整座桥梁都会跟着慢慢移动。这种移动，名为"沉陷"。这对桥梁是非常重要的，任何桥都有沉陷。但要控制在一定范围以内，并使它平均分布，以免桥墩倾斜。

基础的类型也很多，最简单的方式是水中"打桩"，把"桩"打到石层或坚硬土层上，然后在桩上造起桥墩。在水深的地方，可以采用"沉井"、"沉箱"或"管柱"，就是把预制的"井"、"箱"或"管柱"沉到石层或坚硬土层上，再在它们里面或上面筑桥墩。南京长江大桥，水下石层深达 73 米，是世界上罕见的深水基础，曾经用了多种方法，才将桥墩建造成功。

桥同路要合作，桥本身的梁、墩和基础三部分更要密切合作。首先，每部分以及各部分"接头"处，都不能有薄弱环节。其次，各部分要配合得当，彼此协作，来发挥每个角落的最大强度。再其次，全桥的强度要分布均匀，薄弱环节固然不好，一处过分坚强，形成浪费，也不需要。一座桥是由许多部件组成的，每个部件的强度与它的变形有关，而变形是可以测定的。凡是变形较大的地方都是薄弱环节。在一座桥的设计和施工中,都应当使这座桥在车辆走动、载重增加时,处处只有最小的变形。从全桥和各部件变形的大小,就能看出这桥的技术水平。桥梁技术的发展,就是要以争取全桥整体的和局部的最小变形为方向。但是无论设计施工如何完善,总有估计不到的因素,桥在建成后也会遇到不测的袭击,如地震,这里就要依靠桥的本身潜力来抵抗了。原来在任何建筑物中,按照自然法则,在必要时,较强的部分都会适当地帮助较弱的部分,自动调剂。也就是,各部分的变形,如果忽然过多或过少,它们会互相调剂,均衡力量,使全桥的变形,仍然达到最小的限度。只有在这个变形超出"安全度"的时候,这个建筑物才会遭到破坏。这个建筑物的自动调节的性能,就叫做"整体性",对于它的安全是很重要的。充分发挥整体性的作用,也是桥梁新技术的一个极其重要的目标。

桥梁技术中有许多新的成就,这些新成就,帮助我们多快好省地把桥建成。所谓好,就是这座桥在任何情况下,将会有最可能小的变形和最可能大的整体性。

作为新技术的例子,现在来谈一个"装配式预应力混凝土"的结构。混凝土是由水泥、砂子和小石块,再加水后搅拌,浇灌到模板中,经过凝结而成的建筑材料。它的优点是抗压强度大,弱点是抗拉强度小。为了克服它的弱点,抵抗被拉长,就放进钢筋,成为"钢筋混凝土",因为钢的抗拉强度大。然而,就是这样,钢筋混凝土的强度,还是抗拉不够,为了进一步加大它的抗拉强度,就把钢筋在混凝土凝结之前,预先拉长一下,然后让钢筋和它周围的混凝土一同缩短,这样钢筋就恢复了原来长度,并把混

凝土压紧，产生抗压强度。这个预先被压紧的混凝土，在受到载重时，就能抵抗更多的拉长，也就是增加了它的抗拉强度。这个增加出来的抗拉强度是由于它预先有了压缩，有了抗压应力，所以叫做"预应力混凝土"。用这种预应力混凝土，在工厂中预先制成结构中的部件，然后运往建桥工地，把各部件"装配"成形，这就成为"装配式预应力混凝土结构"。这种结构可以用在较大跨度的桥梁上，是一种现代化的技术，我国正在普遍推广。

在以前，一般大跨度的桥梁，都是采用钢结构的。但现在，很多桥梁已经用预应力混凝土来代替了。不过对于特大跨度的桥梁，还是非用钢不可；有时还要用高强度的合金钢。比如建造一座跨海的桥梁，每孔跨度，长达一两公里，那就非用"钢索吊桥"不可。将来会有更新的建筑材料出现，如不脆的"玻璃钢"、合成的"塑料"、"高分子聚合物"等等，同时也将有更新式的结构来利用这些材料。由于这些材料的强度高而重量小，那时桥梁的一孔跨度和水下基础深度就会大得惊人。现在世界上桥的最大跨度，是英国的"恒比尔"公路"吊桥"，跨度1405米。建造中的日本的明石海峡公路、铁路两用"吊桥"跨度1780米。水下基础最深的桥是葡萄牙的塔古斯河桥，基础在水下79米。

最后，再谈一个极其重要的桥梁建设问题，那就是"造桥工业化"的问题。造桥是一个非常复杂的技术问题。要从大量的地形、地质、水文、气候等资料中，根据交通运输的需要，作出设计，然后一面在水下建筑基础和桥墩，一面在工厂制造桥梁，最后再把桥梁安装在桥墩上。如果有大量的造桥工程，亟待解决进行，就必须有一整套

"工业化"的措施，这样才能做到多快好省。这一套措施有三方面。①"设计标准化"：对跨度相同、一般条件相同的桥梁，预先作出标准设计，根据需要，按照各种条件的"系列"（即等级层次），作出整套的标准设计。②材料工厂化：不论是石料、钢材或各种混凝土，都在工厂中，按照设计，预先制成部件，然后运往工地，装配成所需的结构。③施工机械化：造桥时要跟自然界各种不同因素作战，比如风浪中测量，深水下建筑，高空中吊装等等，这都不是单纯的体力劳动所能济事的，必须使用各式各样的机械，才能成功。这样的"三化"是桥梁技术现代化的新方向。

　　桥梁技术的成就是无穷无尽的，因为桥梁工程中的困难是没有底的。桥是人造的，人有了社会主义觉悟，勤学苦练，发挥了主观能动性，就不怕任何困难。有人就有桥，世界上没有不能造的桥！

原载《知识就是力量》1979 年第 1 期

启宏图，天堑变通途

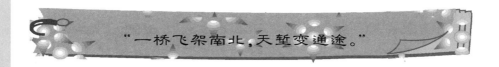

"一桥飞架南北，天堑变通途。"

　　地上到处都有"堑"，它的字义不过是坑或沟或开挖，用来表示障碍或困难。堑有深有浅，《史记》就有"高垒深堑"，"堑山堙谷"的话。后来这个字愈用愈广，到了南北朝时，有个孔范就说"长江天堑，古以为限"（《陈书》），于是"天堑"就成为不可逾越的一个"限"。这是古话。到了新中国，处处起宏图，一切的所谓天堑，就都变为通途了。长江上能造桥，是我国劳动人民数千年来造了无数的小桥大桥的光辉结晶。

　　大地上自然界的一个障碍就是山与河。这当然是只对交通而言。至于对一个国家来说，山与河不但不是障碍，而且是富源所在。山河当然是可爱的。但是在要翻山过河时，它们就有些可怕了。唐代大诗人李白就是这样怕过的。他在《蜀道难》的诗里说："西当太白有鸟道，可以横绝峨眉巅，地崩山摧壮士死，然后天梯石栈方钩连。"他又在《横江词》里说："人言横江好，侬道横江恶，猛风吹倒天门山，白浪高于瓦官阁。"如果他能看到今天的成昆铁路和长江大桥，他就要赞叹"多歧路，今安在"，

"人生得意须尽欢……与尔通销万古愁"了。因此,造桥修路的人,确是做了"功德"! 而起宏图的人,使山河变貌,世界改观,更是万家生佛!

造桥是斗争,就是解决矛盾。斗争的"敌人"是水、土、风。造桥时要使桥墩在水下深入土中,桥梁在空中架到墩上。深水、软土、暴风就都是难以克服的障碍。再加它们的相互影响,那就更成为巨大的困难了。这种相互影响,在我国诗文中,描写得很多。比如,关于水和土,就是"岸裂新冲势,滩余旧落痕"(唐太宗《黄河》诗),关于水和风,就是"阴风怒号,浊浪排空"(宋·范仲淹《岳阳楼记》),关于水和风土,就是"盘涡荡激,回湍重射,悬崖飞沙,断岸决石"(元·贡师泰《黄河行》)。如果翻一次山,过一次河,都觉得可怕,那么,在这样山中河上来造桥,需要和那里的水、土、风所作的激烈斗争,不更要把人吓倒吗? 然而人是吓不倒的,他能"以子之矛,攻子之盾",战而胜之。对于深水,就利用"压缩空气"(风)来筑"沉箱"基础;对于软土,就利用"水射法"来下沉"管柱";对于暴风,就把桥墩深埋土中,再加上面水压力,以求稳固。还可以利用软黏土在管柱下面填洞,以防水漏;利用水面涨落,用船运桥梁,安装在墩上;利用"风锤"、"风钻"在钢梁上打"铆钉",等等。总之,自然界的各种力,不管怎样厉害,它们彼此之间必有矛盾,只要善于运用,就可以把桥造起来了。大桥小桥同一理,不过繁简不同。大桥当然不是小桥的放大,如果桥的长度加1倍,并不要桥的高度也加1倍,而是要把这放大尽量地缩小,使得大桥小桥各尽其美,"秾纤得衷,修短合度"。这就要看造桥大师的心领神会和眼光手法了。桥工的值得惊叹,就在于此。

造成的桥，就老呆在那里，一声不响地为人民服务。不管日里夜里，风里雨里，它总是始终如一地完成任务。它不怕担负重，甚至"超重"，只要"典型犹在"，"元气未伤"，就乐于接受。它虽是人工产物，但屹立大地上，竟与山水无殊，俨然成为自然界的一部分。自然界是利于人类生存的，为繁荣滋长提供条件。桥也是这样，人类一有交通，就要桥，越是靠河的地方，人口越集中，桥也就越多。有了桥，人的活动就频繁起来了。它影响到一个国家的富强，成为"地利"的一个因素。自然界是最可信赖的，只要了解到它的规律，就可在宇宙间自由行动。桥也是这样。知道了它的规格，一上桥就准可同登彼岸。自然界是到处随时都美的，因为一切配合得当，缓急相就，有青山就有绿水，有杨树就有春风。桥也是这样。如果强度最高而用料用钱都是最省的，它就必然是最美的，那里没有多余的赘瘤，而处处平衡。这样的桥就与自然界谐和了，就像宋·秦少游词所说："……秋千外绿水桥平。东风里，朱门映柳……"自然界是新陈代谢、万古长青的，尽管沧海桑田，但也有巍然独存的。桥也是这样。由于朝夕负荷，风吹浪打，必须材料坚实，结构安全，它才能站得起来，愈站愈稳，它就能长期站下去。因此桥是长寿的，比起其他人工产物来，它常是老当益壮的。千年古桥能载现代重车，还有什么其他古物能和桥相比呢？有时桥还在，但下面的河却改道了，或两头的山崩陷了，连山河都未必能和它相比！由此可见，桥在自然界中是既可利赖，而又是既美且寿的。它当然成为人类生活中所必需，甚至是和幸福不可分的了。一个国家该有多少桥，要和它占有的山河相适应，适应的程度是文化发展的一个标志。我国山多河多而文化悠久，可见桥也一定是多的。江南水多，桥就更多。拿苏州来说，就有"一出门来两座桥"的谚语。这不自今日始。唐代大诗人白居易在此就有《正月三日闲行》的诗云："绿浪东西南北水，红栏三百九十桥"。更重要的是，我国不但桥多，而且桥好，不是一个时期好，而是历代相传，绵延不绝。正因为这样，到了今天，就能把天堑变成通途。

当然，桥的技术、艺术和学术总是逐步发展的。我国的桥在这三方面都有光荣传统。在这基础上吸取了近代科学技术成就，中国桥在世界上就别具风格。这表现在新中国成立后的桥梁建设。武汉长江大桥和南京长江大桥，基础深达水下 73 米，为世界上所罕见。四川省丰都县九溪沟石拱桥，跨度为 116 米，成为今天的世界第一。这都是由于我们的社会主义制度的优越性。可以确信，在党的领导下，我们将有比在武汉、南京跨越长江天堑更艰巨的桥。

中国劳动人民的智慧和力量也充分表现在过去的古桥上。它们有的是在技术上创造了划时代的壮丽结构，如赵州桥的大石拱上开了四个小石拱，形成现代所谓"敞肩拱"，比欧洲这种结构早用了 700 年之久。有的是在艺术上表达出既现实又浪漫的美妙雄姿，如北京颐和园的玉带桥，石拱作蛋尖形，特别高耸，桥面形成"双向反曲线"与之配合，全桥娇小玲珑，柔和刚健，大为湖山生色。有的更是在学术上留传下可以发展的科学理论，如很多古老的石拱桥而能胜任现代的繁重运输，就是由于利用了"被动压力"的缘故。就这样，几千年来建造了无数的石桥、木桥和铁索桥。它们是随着文化的发展而发展的，

形成中国文化史上的里程碑。这是指桥的兴建。建成以后，桥就倒过来协同推动文化的前进。历史上的这种桥梁作用是值得大书特书的。当然桥不可能是孤立的，有了桥就有路，有水，有山，更有桥上的行人车马，凑在一起，就演出人间的许多故事，或是历史上的兴亡代谢，或是小说中的离合悲欢。而它们任何时刻的风光景色，都能引起人们的深思遐想，诗情画意。这样一来，桥话就多了。

桥与山水 山多水多路难修，难处就在桥，而山水是路所必经的。桥也是路，不过不是躺在地上，而是架在空中的。空中的路当然比陆上的路难修了。其难处是要让下面过水行船。水不但有浪潮，而且有涨落。大水时也要走船，水涨船高，桥的路面就更高。不能"路归路，桥归桥"，而要宛转自如地连成一线。近代是在两岸造引桥；把路徐徐引上桥。古代则是使桥面隆起，形成驼峰，因而广泛采用了石拱桥。两山之间的桥，奇峰突起，峭壁深涧，又是一种困难。不便有中流砥柱时就用悬索吊桥。桥的构造形式真是说不尽。在名师巨匠手中，争奇斗胜，尽态极妍，终使万水千山路路通。而且所成之桥还为山水增光。山水本来是美丽的，在我国往往成为风景的代名词，桥在这样天然图画中，如果不能联芳济美，岂非大煞风景。唐·杜甫诗"市桥官柳细，江路野梅香"，白居易诗"晴虹桥影出，秋雁橹声来"，宋·苏轼诗"弯弯飞桥出，敛敛半月彀"，明·王贤诗"横桥远亘如游龙，明珠影落长河中"，王锡衮诗"飞梯何须借鳌背，金绳直嵌山之侧，横空贯索插云蹊，补天绝地真奇绝"等等，就描写了山光水色中的各式各样的桥。

桥与园林　我国园林有独特风格,园林里的桥也就很别致。它不通车马,但也不仅是为了走人行船,而是还要能点缀风景,为园林平添佳趣,那里的小山小水,有时本不需桥,但作为亭台楼阁的陪衬,或水中倒影的烘托,就来些水上小桥,借景生色。它当然不是什么"大块文章"。有时不过是一些石块,平落水中,形成一线,使人蹑步而行,这在古时叫"鼋鼍"(《拾遗记》"鼋鼍以为梁")现时叫"汀步"。有时造成水上游廊,下面是桥,上面盖屋,两旁红栏碧槛,掩映生姿。有时把桥造得很低,几乎与水相平,人行其上,恍同凌波微步。有时桥又故意曲折,甚至七转九折,令人回环却步,引起景移物换之感。有时是一线平桥,或木或石,无栏无柱,简洁大方。有时是桥上有亭,桥下有拱;上面是画栋雕梁,下面是月波荡漾。在较大的园林中,气派不同,桥也该显得壮丽,当然就另是一种境界了。园林桥的仪态万千,总要浓淡入画,宋·欧阳修诗"波光柳色碧溟濛,曲渚斜桥画舸通",就是为它写照。

桥与历史　桥是交通要道的咽喉,形成一个"关",因而在各地的"志书"里,总是"关梁"并称,桥在历史上的作用真不小,往往一桥得失,影响到整个战争局势。首先应当提到"大渡桥横铁索寒"的泸定桥,清代就曾在此压迫过打箭炉的少数民族。1935 年,我红军万里长征,强渡大渡河时,22 名英雄,攀桥栏,踏铁索,冒着弹雨,勇猛攻占全桥,为人民革命胜利 ,写下了光辉诗篇。卢沟桥,在北京西南永定河上,是 1937 年日本帝国主义对我国发动侵略战争的爆发地,也是我国抗日战争中值得纪念的一座桥。三国时,蜀将姜维在阳平道上的阴平桥,聚师抗

魏。春秋时,秦将孟明伐晋"洛河焚舟",遂霸西戎,这里所谓舟,就是浮桥,名孟明桥。像这样历史上的名桥还很多。至于抵御外侮,洛阳桥就是明代抗倭的一个塞。郑成功则曾在这桥上抗清,取得胜利。

桥与人物 这类故事,较早的要算尾生。《史记》苏秦传"秦说燕王曰:信如尾生,与女子期于梁下,女子不来,水至不去,抱柱而死。"国士桥在山西赵城,"昔豫让为智伯报仇,欲杀赵襄子,伏于其下。"(《山西通志》)斩蛟桥,在江苏宜兴,苏东坡曾为题榜"晋周侯斩蛟之桥"(《游宦纪闻》)。有些桥的故事流传甚广,但其确址难考。如汉张良游下邳,遇圯上老人命取履,圯就是桥,这桥当然就在下邳了,但河南归德府永城县有鄸城桥,"一名圯桥,即张良进履处。"(《河南通志》)

桥与文艺 桥在水上山间,凌空越阻,千仪百态,普度苍生,当然成为文学和艺术中的绝好题材。这在我国的诗文、绘画、雕塑中真是丰富极了。有的是形容桥身的构造,有的是咏叹桥上故事,更多的是赞赏桥边上下的景物风光。最著名的如苏州枫桥,除了中外闻名的张继《枫桥夜泊》诗外,还有杜牧的"长洲茂苑草萧萧,暮烟秋雨过枫桥"等等。灞桥,在陕西西安,东汉人送客至此桥,折柳送别(见《三辅黄图》)。"灞陵有桥,来迎去送,至此黯然,故人呼为销魂桥。"(《开元遗事》)后来宋·柳永有词:"参差烟树灞陵桥,风物尽前朝,衰杨古柳,几经攀折,憔悴楚宫腰。"情尽桥,在四川简阳,唐·雍陶有诗云:"从来只有情难尽,何事名为情尽桥,自此改名为折柳,任他离恨一条条。"以上是以某一桥为题的,更多的是借桥咏怀,寄情山水,而并无专指专属的。如唐·温庭筠诗:"鸡

声茅店月，人迹板桥霜"，韩翃诗："蝉声驿路秋山里，草色河桥落照中"，韦庄诗："阶前雨落鸳鸯瓦，竹里苔封蟋蟀桥"，宋·陆游诗："断桥烟雨梅花瘦，绝涧风霜槲叶深"，范与求诗："画桥依约垂杨外，映带残红一抹红"，元·马致远词："枯藤老树昏鸦，小桥流水人家"，等等，都是情文并茂的。至于绘画，著名的有宋·张择端的《清明上河图》里的"虹桥"，这是个木桥，结构不用钉，非常巧妙。近代木刻画里有《人桥》，一线人群立水中，肩上荷板，板上行军，表现出艰苦卓绝的战斗精神。

桥与戏剧　戏剧这种特殊的文艺形式，对于搬演桥上的故事，有深远作用。拿京剧说，演出的桥戏就不少。最著名的是《长坂坡》，在《三国演义》里叫"长板桥"。《三国志》张飞传"曹公入荆州，先主奔江南，使飞将二十骑拒后，飞据水断桥，瞋目横矛，敌皆无敢近者，遂得免。"还有《金雁桥》，演张任被捉，也是三国故事。关于恋爱的戏就更多了，如《断桥相会》、《虹桥赠珠》、《草桥惊梦》、《蓝桥过仙》等等。直接宣传造桥故事的有《洛阳桥》彩灯戏，描述建桥如何艰巨，以及桥成后，"三百六十行过桥"时的群众欢乐情景。除京剧外，各地方剧中，也有很多桥戏不及备述。

桥与神话　由于桥是由此岸跨到彼岸，空中飞越，不管下界风波，这就引起人们的美丽幻想。看到天上彩虹就像人间拱桥，因而把拱桥比作长虹、卧虹、垂虹、飞虹等等的虹。更看到虹的远及天边，上虹就上天，这岂非人间天上的一座桥？最著名的是"鹊桥"故事，想出织女牛郎两位人物，由于封建压迫的故障而形成"银河阻隔"，就假托连玉皇大帝都控制不了的大批乌鹊，来为他们"填河成桥",使情人相会,这样的神话,当然是流传不朽的了。魏·曹丕诗"牵牛织女遥相望,尔独何辜限河梁",尚能道出此中心曲,并且感到桥还不足。可见连天上的神仙都要桥,因为天上是没有桥的。这样的好东西,只在人间。

桥,确实是个好东西。为了与人方便,它不但在地上通连道路;而且从各方面弥补缺陷,化理想为现实。我们有各种广义的桥。船是过渡的桥,火箭是上天的桥。商业是工农业之间的桥。社会主义是通向光明时代的大桥。全世界都在造桥。如今正是处处启宏图,天堑变通途!

原载《人民文学》1962 年 12 月号

中国的古桥与新桥

古桥不仅是一种古建筑,当作文化遗产,供人研究或凭吊,而是古为今用,从古到今,一直蹲伏在那里,担负重任,继续为人民服务的。

引 言

中国是一个多山多水的国家,山河壮丽闻名于世界。可是,巍巍群山,滔滔江河,对交通来说,却是一种障碍。中国有一条有名的长江,横贯中国中南部。它江宽水深,风起浪作,南北交通不易,古时被人们喻为难以逾越的"天堑"。在中国西南地区,峰峦重叠,万水千山,交通更是闭塞,唐代诗人李白(701—762)曾以"蜀道难,难于上青天"的诗句来形容那里交通的困难。

但人类是有征服自然的本领的。中国人民勤劳、勇敢,在同自然界长期斗争的实践中,有过无数伟大的创造。在古代,劳动人民和匠师们,为了便利行旅交通和发展运输事业,曾经建造了许多各种构造和型式的跨江越谷的桥梁,其中有像赵州桥那样的杰作。在中华人民共和国建立以来的 30 多年中,中国的桥梁建设呈现了蓬勃发展的新局面。过去从来没有被征服过的号称"天堑"的长江江面,已先后架起了四座巨型现代化桥梁。其中南京长江大桥,规模宏伟,技术复杂,在桥梁科学技术的许多方面达到了世界先进水平。南京长江大桥的建成,西南铁路线上许多桥梁的建成,说明任何高山险水再也不能阻挡我国强大的建桥队伍的胜利进军了,自然界的险阻,在人民的智慧和力量面前低头了。

中国的桥梁建筑有很悠久的历史。原始的桥梁仅在水流平缓的河道叠置石块,或以树干搁置河道,以便通行,随后逐步发展到利用绳索、竹、木、砖、石等材料架桥。远在周代(公元前 11—前 771)已有浮桥和简单石桥的出现,公元 1 世纪,在灞河上(在今陕西省)出现了以石为梁的长桥。公元 282 年时,在河南洛阳已建成有石拱桥。此后,石拱桥和石梁桥逐渐推广到全国各地,隋(公元581—618)、唐以后,桥梁建造得越来越多,越来越好了。公元 605 年,在河北省赵县(古代曾叫赵州),杰出的石拱赵州桥问世了。公元 1059 年,在福建泉州建成了著名的石梁洛阳桥,这两座名桥至今仍巍然屹立。若就古代建成的施工、石梁桥统计一下,为数在百万以上,大小木桥及悬桥尚不在内。13 世纪时的意大利旅行家马可·波罗远道来中国,他在游记中说,中国是一个"多桥的国家",仅杭州一地就有桥 12000 座(这是传抄之误,实际不足1000 座)。他盛赞北京附近的卢沟桥,"在世界上也许是无可比拟的"。可见在 13 世纪时,中国的桥就既多且好了。解放后的新桥,吸取了现代先进技术并继承、发扬了古桥的优良传统,从而开拓了自己的发展道路。

中国古桥一瞥

石 桥

赵州桥，又名安济桥，位于河北省赵县城南的洨河上，约建成于公元594—605年，是一座造成后一直使用到现在的最古的石桥。

洨河平时虽是涓涓细流，但在夏秋大雨季节，河水暴涨，急流汹涌，因而造桥很是不易。据记载，这座桥是我国隋代的一群造桥工人建成的，其中为首的一位名叫李春，他是我国桥梁史上的一位杰出的工程师。李春他们造的赵州桥有很多创造性的特点：①它是一座独孔的石拱桥，跨度达 37.02 公尺*，在当时是最长的。它的拱圈不是普通的半圆形，而仅仅是圆弧的一段，形成一个扁拱，因而拱圈上的路面不是隆起而是平直的，便于车马通行。②敞肩拱是它的另一个非常突出的优点。就是在桥的两个拱肩（石桥两端、桥面与拱圈之间的三角地带称拱肩）和桥面之间各建两个小拱，使拱肩敞开，这种"拱"就称为敞肩拱。这种结构，不但可以减轻桥的重量，节省建筑材料，还可以分流洪水，减少水的冲击，延长桥的寿命，并且使桥型更加壮观。③拱圈是石块拼成的，但它的拼法很特别。它是由并排28道跨度为37.02公尺的石拱圈构成的一个整体，每道拱圈都能独立发挥作用，一道坏了，不影响全桥安全。④全桥结构匀称，壮丽美观，和四

---

* 1公尺＝1米

架起通向科学的桥——茅以升科普创作精选

63

周景色配合得十分和谐，桥上的石栏石板也雕刻得古朴美观。从这些特点可以看出赵州桥的高度技术水平和稀有的艺术价值。赵州桥在1300多年的漫长岁月里，经过千百次洪水的冲击、地质变迁、车辆重压，依然屹立如故，这在世界桥梁史上也是罕见的。

赵州桥是在我国古代无数木桥和砖石桥梁的基础上发展和创造出来的，它是我国桥梁建筑史上杰出的范例，表现了我国劳动人民的高度智慧和技巧。赵州桥的传统，不但为我国1000多年来的石拱桥所继承，也为我国现代的钢筋混凝土拱桥所应用，而且有了许多新的创造。

洛阳桥，又名万安桥。这是我国东部福建省泉州的一座名桥。泉州是宋代（公元960—1279）对外贸易的一个重要港口，经济繁荣，交通日盛，11—13世纪时这里造桥很多。洛阳桥位于泉州的洛阳江入海处。一条江的入海处必然江面辽阔，海潮汹猛，并有飓风袭击，平时过渡也很危险，何况修桥。这座桥建成于公元1059年，原来长1200公尺，宽5公尺，有桥孔47个，每孔上架平直的石梁7根，每根大约高50公分*，宽60公分，长11公尺，石梁上即是路面。经过历代修理，现存桥长834公尺，桥宽7公尺，桥墩27座。墩上桥梁、桥面与桥栏，已部分改用钢筋混凝土筑成。当时修桥还无机械，只有简单工具，在这海口风浪俱作之处，这座桥是如何建成的呢？当时的一些桥工巨匠发挥了智慧和力量，他们先在海底抛石，铺满桥址，形成一道水下的石基，然后利用浅海里蛎房（丛生牡蛎，附石而生，得海潮而活，排泄一种胶质黏液）的繁

---

* 1公分＝1厘米

殖,把石基胶固,使成整体,在这石基上堆砌大石块建筑桥墩。洛阳桥这种基础,就是近代"筏形基础"的先声。他们安装石梁的方法也很巧妙,用大船装载整根石梁,利用潮水涨落,把石梁搁置到桥墩上。经过 6 年的艰苦努力,终于把这座桥建成了。桥成后经过多次的飓风、地震及洪水的袭击,并无多大的损坏,足见它构造的坚固。

安平桥,这是泉州的又一名桥。建成于公元 1152 年。在泉州安海镇,跨过海口到水头镇,计长五里,因而又名五里桥。平常所谓三里桥、五里桥,多系指离城远近而言,但这座桥却是实长五里,故民间传说"天下无桥长此桥"。现在实测,桥长 2070 公尺,桥墩 331 座,堪称稀有的宏伟结构。这桥仿照洛阳桥,采用石墩石梁式,其施工方法也可能相同。但洛阳桥造了六年,而这桥比洛阳桥长两倍半却只用了一年时间,由于桥太长,桥上修了五座亭子,以便行人休息。

宝带桥,地处江南水乡的江苏苏州,那里的桥自古以来就很多。直到现在民间还有谚语"一出门来两座桥"。在众多的桥梁中,最负盛名的要算宝带桥了。它横跨在南北大运河旁边的玳玳河上,正当澹台、历山诸湖口,湖光山色十分优美,远远望去,它的 53 个桥孔宛如颗颗明珠接连起来,真像一条宝带。宝带桥全长 317 公尺,为石拱桥,共 53 孔,其中三孔特别高耸,可通大型船舶。在隆起的三孔上,桥面形成弓形弧线,弧线两头,各有小段反曲线。这桥最初创建于公元 806 年,后于公元 1232 年重修,从那时起定为今日形式。

卢沟桥。中国古桥在世界上出名最早的要算北京附近的卢沟桥了。前面提到 13 世纪马可·波罗在他的游

记中就曾称道过此桥。卢沟桥建成于 1192 年，也是石拱桥。桥长 265 公尺，宽约 8 公尺，由 11 孔石拱组成。卢沟桥的狮子柱最为脍炙人口。栏柱头上雕刻的狮子有 485 个，雕刻艺术极高，狮子造型生动，体态各异。

卢沟桥的闻名于世，还不仅仅是它的雄伟壮丽和雕刻精湛的石狮子，而在于它是中国人民抗日战争的光荣纪念地。1937 年 7 月 7 日晚上，日本帝国主义突然向卢沟桥的宛平中国驻军开炮，开始了对我国的大规模武装侵略。中国人民从此燃起了抗日的烽火，在中国共产党领导下，经过八年艰苦奋斗，终于打败了日本侵略者，取得了抗日战争的最后胜利。卢沟桥也因此名垂史册了。

悬　桥

泸定桥。有些古桥，以它著名的历史，反映了中国人民不屈不挠的战斗精神。除上述卢沟桥外，坐落在我国西南四川省大渡河上的泸定桥，同样令人永志不忘。这是一座长 103 公尺、宽 3 公尺的铁索悬桥。1935 年 5 月，毛主席率领中国工农红军长征到达这里，敌人把桥上木板烧掉了。英勇的工农红军，冒着浓密的硝烟弹雨，攀着铁索爬了过去，消灭了对岸桥头的敌人，把红旗插在敌人的碉堡上。这就是有名的红军强渡泸定桥的英雄事迹。当看到那用铁索和木板组成的泸定桥时，就不禁会想起毛主席的《长征》诗："金沙水拍云崖暖，大渡桥横铁索寒。"泸定桥建于公元 1706 年，桥身用铁链九根系于两岸，悬挂空中，上铺木板，形成桥面。桥两旁各有铁链两根，用做扶栏。两岸各有碉堡一座，内有树立的铁桩。后面有横卧铁锚，牢系过河的九根铁链。这种铁链桥摇曳空中，很不稳定，过桥时感到危险。解放后，于附近造了一座新的钢索悬桥和一座双曲拱桥，通行载重汽车，旧泸定桥就成为珍贵的革命文物了。

珠浦桥。中国西南一带悬索桥很多，而且渊源甚古，晋代法显和尚于公元 399 年，唐代玄奘和尚于公元 621 年，曾先后往印度取经，在他俩的记述中都提到途中所见悬挂于山石间的悬索桥。高原地区河道，流经峭壁深渊，造桥筑墩异常困难，悬索桥不需水中支柱，当然是最好的结构型式。但铁索铁链在往昔内地都不易得，于是就地取材，因材致用，而有藤索桥或竹索桥的产生，体现了群众的智慧。在四川省灌县有一座竹索珠浦桥，位于岷江上。共长 330 公尺，分为九孔，用大木建立木排架，作为桥墩。最大一孔跨度达 61 公尺。木排架上悬挂竹缆 10 根，竹缆两端锚碇于两岸石崖凿出的石室中。竹缆上铺木板，并有压板索两根，压着木板使它不会移动。左右两旁各有竹索 5 根，上下并列，作为扶栏。桥的修理也很巧妙，因附近有竹林，每年抽换一部分竹缆，既不影响交通，又能为桥长期维修。这座桥的修建早在千年以前，后来桥损，改为渡船过江，公元 1803 年重修。1974 年因桥址兴建水闸，于下游 100 公尺处，依原样改建钢索悬桥。

木　桥

虹桥，除了竹桥，中国古代的木桥当然最多，但因木质易损，无法保留到今天，只可从历史文献中略知一二。

值得提出的是中国名画"清明上河图"中的虹桥。这幅画是宋代一位名画家张择端的手笔，它绘出了当时北宋都城汴京（今河南开封）的繁华景象。图中画出了一座桥，桥下有许多来往的船只争着过桥，桥上行人熙来攘往，但最引人注意的是，这幅画将这座木桥的结构很细致地描绘出来了。原来这是一座木拱桥，由五片拱架组成，上铺木板为路面。这五片拱架虽然构成弧形，但每片拱架却是由许多短的、直的木料拼接而成的。其拼接之法是将每根木料中心点放在一根横木上面，一端放在另一根横木下面，因而这木料夹起，让木料的另一端伸出去，形成所谓的"伸臂梁"。许多伸臂梁，由桥的两岸节节伸到桥的中心，这样就构成一片拱形木架了，然后将五片拱架联系在一起，成为整体，一起稳定。这种桥在当时叫做"飞桥"，即近代所谓"伸臂拱桥"。

以上介绍的一些桥都是为了交通运输而建造的。此外，还有在名胜地区便于游人散步、浏览风景的各种小桥，它们的造型优美，体态轻盈，平添自然佳趣，成为风景的点缀。这类桥格局虽小，结构却也不简单。北京颐和园内有两座别致的园林桥。一是玉带桥，全部用汉白玉石砌成，桥面呈双间反曲线，上桥和下桥时使人们眼前展开了不同角度的景致。另一座是十七孔桥，桥上路面呈一弧形，各拱高度与此配合，构成一幅美丽画图。其他如浙江杭州西湖的九曲桥，山西太原晋祠的鱼沼飞梁等也很有名。

古桥的卓越成就

首先，最明显的是桥梁形式的多样化，几乎具备了现

代桥梁所有的主要形式。这就是：①梁桥，以平直的纵梁为桥身的骨干，如洛阳桥、安平桥；②拱桥，以弯曲的拱圈为桥身的骨干，如赵州桥、卢沟桥；③索桥，以悬挂的缆索为桥身的骨干，如泸定桥、珠浦桥；④伸臂桥，以伸出的构件为桥身的骨干，如虹桥。

第二，中国古桥结构精致，施工巧妙，符合科学原理。这反映在石拱桥建造上更为鲜明。中国古桥中最多的是石拱桥，"拱"在中国发明最早，也用得最普遍，可以说，石拱桥就是"中国桥"的象征。石拱桥越修越多，质量也就随着提高，日益趋于科学化。

古代拱桥的砌筑方法很是讲究，符合科学要求。譬如，任何材料在承受载重或遇气候变化时，没有不变形的，因此一座桥内要避免不同材料的相对形变。古桥所以全用一种材料而不夹以他种，用石料亦系来自同一石场，并且砌拱不用灰浆，就是这个原因。有的石拱还用榫头嵌入卯槽的方法形成"铰"形结合，更是考虑到全拱的整体变形。

第三，中国古桥在艺术上的成就也是很高的。总共古桥造型优美，线条匀称，并力求与四周环境相配合。更重要的是，造型优美并不削弱结构的强度，而是使结构的技术与艺术统一于适用与经济的原则。中国的许多古桥都做到了这一点，赵州桥尤为突出。美国纽约美术博物馆出版的《桥梁美术建筑》一书中，用这些话来形容它："它是世界上最古的敞肩拱桥。拱上小拱使扁的圆弧圈轮廓鲜明，不但减轻桥重，并使拱圈与路面的因果分清，因而整个结构显得既合逻辑，又形优美，它本身的高度敏感，使得西方的大多数桥都相形见绌，不免笨重了。"

新中国的桥梁建设

1949 年中华人民共和国成立后,中国的桥梁建设事业从此开始了一个历史新纪元。

解放后,人民政府在开始全国规模的建桥规划的同时,对中国古桥进行了认真的整饰、修缮和保护。1961 年国务院还公布了泸定桥、卢沟桥、赵州桥、安平桥等为重点文物保护单位,并指示说:"我国丰富的革命文物和历史文物,是世界人类进步文化的宝贵财产。切实保护这些文物,对于促进我国的科学研究和社会主义文化建设,起着重要作用"。许多有名的古桥经过维修恢复了青春。它们一方面在交通上继续发挥原来的作用,同时,在它们身上也体现了我国造桥的优良传统,为今后的桥梁建设提供借鉴。

30 年来,我国的交通事业日益发达,桥梁建设出现了迅速发展的局面。目前,除西藏外,全国各省、市、自治区都有了铁路,铁路通车里程到 1974 年止比解放前增长了 3 倍多,公路通车里程增加了 8 倍多。路多,当然桥也多。解放后,广大建桥工人和工程技术人员,吸取了古代劳动人民丰富的实践经验,在新建的铁路、公路线上建造了大量的新式桥梁。

我国西南的四川、云南、贵州三省,解放前没有一条标准铁路。现在,这个地区已建成成渝、宝成、川黔、黔桂、贵昆、成昆、湘黔等铁路。形成一个环形铁路网,并通过其他铁路干线,同我国西北、华北、中南和东南沿海等广大地区相通。根本改变了过去交通落后的状况。这些

线路穿山越谷，跨江过河，方桥、高桥、长桥连续出现。成昆路为例，它穿过大小凉山、横断山脉和金沙江、大渡河等自古以来的天险地区，一个隧道接着一个隧道，一座桥梁接着一座桥梁，桥隧相连，蔚为壮观。全线架起了65座桥梁。平均每1.7公里就有一座大型或中型桥梁，沿线有好几种我国最大跨度的铁路桥梁，其中金沙江大桥的钢梁跨径达192公尺。

西藏，地处称为"世界屋脊"的青藏高原上，解放前全境没有一公里公路，如今建成了以拉萨为中心的公路交通网，共有15800多公里的公路通了车，奔流在喜马拉雅山脉和冈底斯山脉之间的雅鲁藏布江是世界上最高的一条河流，现在在这条江上已矗立两座现代化的公路桥梁。为了沟通西藏和内地的联系，英勇的中国人民解放军和各族人民，以大无畏的革命精神，和高原上恶劣的气候环境作斗争，劈开奇峰峭壁，穿过高大的山脉，跨过湍急的江河，修筑了川藏、青藏和新藏等著名的公路。以全长2000余公里的川藏公路为例，它翻过了14座大山，这些大山一般都在海拔4000公尺以上，跨过大渡河、金沙江、澜沧江、怒江等10条大河，它的工程十分艰巨，仅在金沙江到澜沧江的悬崖深谷，惊涛急流上就架起了100多座大小桥梁。

解放前万里长江无一桥，全国第二大河黄河仅有两座铁路桥、一座公路桥，现在，长江上已架起了四座大型铁路桥梁，在黄河上已建成的铁路桥有10座，公路桥20余座。1969年1月，我国吸收国内外的建桥经验，建成了具有世界先进水平的南京长江大桥。它的建成进一步锻炼和考验了我国建桥队伍的战无不胜、攻无不克的攻坚

能力，并极大地促进了钢铁、水泥、结构和桥机制造等一系列与建桥有关的材料和机械制造工业的发展。

长江"天堑"变通途

长江是我国第一大河，也是世界上最长的河流之一。它发源于号称"世界屋脊"的青藏高原，流经青海、西藏、云南、四川、湖北、湖南、江西、安徽、江苏和上海 10 个省、市，在上海入海。烟波浩瀚的长江全长 5800 公里，流域面积宽广，达 180 万平方公里，是我国工农业生产比较发达的区域。过去由于长江的横隔，曾给中国南北交通造成了极大困难。

武汉长江大桥。1955 年 9 月大桥工程正式开工，1957 年 10 月就落成通车。大桥从汉阳的龟山，跨过长江，伸到武昌的蛇山。它和汉水铁路桥、汉水公路桥连接，把武汉三镇联成一体，沟通了中国的南北交通。

武汉长江大桥是一座雄伟壮丽的铁路公路两用的双层桥。总长 1670 公尺，其中正桥 1156 公尺。两岸引桥共 514 公尺。双线铁路在下层，六车道，18 公尺宽的公路在上层，上下层每侧各有 2.25 公尺宽的人行道。桥下净空（指通航水面至桥身钢梁底的空间高度）很高，可通航大型轮船。在正桥、引桥相接处的桥台上矗立两座桥头堡，系六层高楼，各层有厅堂，可供游人休息及各种活动之用。

南京长江大桥。1961 年在南京建设另一座长江大桥，于 1968 年建成了。这是我国自行设计和施工的最大的现代化桥梁。

南京长江大桥也是一座双层铁路、公路两用桥。铁路桥和公路桥都由正桥和引桥组成。正桥两端有桥头堡，高70多公尺，与武汉长江大桥相似。

铁路桥全长6772公尺，江面上正桥长1574公尺。铺设双轨，南北两岸过江的列车可以同时对开。屹立在惊涛骇浪中的九个桥墩，像一座座擎天柱，凌空托起了用高强度合金钢制成的、跨度达160公尺的巨大钢梁，桥下即使在涨水季节也可通航万吨轮船。

公路桥面在上层，全长4500多公尺，其中引桥长2600多公尺。平坦宽阔的桥面可容四辆大卡车并行，人们走上大桥的公路引桥，首先在经过长长的一段双曲拱桥，使大桥显得分外壮丽多姿。

南京长江大桥是比武汉长江大桥规模更宏伟、技术更复杂的一项桥梁工程。如此长的桥身，如此深的基础，堪称世界上的一个伟大建筑。这座桥的建成标志着我国桥梁科学技术进入了一个崭新的阶段，是我国桥梁科学技术的一个新的里程碑。

大河上下凯歌声

黄河是中国的第二大河，发源于青海省境内，经过青海、甘肃、宁夏、内蒙古、山西、陕西、河南、山东等省区，最后流入渤海，全长5400多公里。在这么长的一条河流上，解放前仅有两座铁路桥，一座在天津至浦口的铁路上，靠近济南。一座在北京至武汉的铁路上，靠近郑州。另一座公路桥建在兰州。而且这三座桥还都是外国人修造的。解放后，人民政府就积极筹备修建跨过黄河的新

铁路桥和公路桥。现在,黄河上已建有铁路桥 10 座,公铁两用桥 1 座,公路及农用桥不下 20 余座。

新建郑州黄河大桥,位于旧铁路大桥下游半公里。全长 2899 公尺,71 孔,每孔跨度 40 公尺,系双线铁路桥,钢钣梁结构。全桥 72 个桥墩基础均采用两根 3.6 公尺直径的钢筋混凝土管柱。

潼关黄河大桥,这座桥连接南岸的陇海路和北岸的南同蒲路,对西北地区的交通极为重要。桥全长 1194.2 公尺,23 个实体钢筋混凝土圆形桥墩托起了钢桁梁,显得轻巧美观。

北镇黄河大桥,位于山东省北镇地区,是座公路桥,全长 1400 公尺。桥墩基础采用钻孔灌注桩基,桩径达 1.5 公尺,最深达 107 公尺,创造了这种桩基罕见的深度纪录。大桥的建成对鲁北地区工农业生产及交通运输的发展起了重要的促进作用。

甘肃靖远黄河大桥。地处青、甘、宁一带的黄河上游地区,近年来随着工农业的发展,也兴建了不少的桥梁。靖远黄河桥是在甘肃境内跨越黄河的公铁两用桥,全长 350.3 公尺,公路和铁路路面并列布置。

条条江河落长虹

中国幅员广阔,河流众多。除了长江、黄河外,所有江河,随着铁路、公路的大规模兴建和农田水利事业的发展,无一不需要建桥。在解放后的 20 多年间,在其他江河上新建了许多各式各样的桥梁。其中较为有名、较具特色的有:广州珠江大桥(公铁两用桥)、南昌赣江大桥

（公铁两用桥）、贵州乌江大桥（铁路桥）、河北永定河上的永定河七号桥（铁路桥）、福建乌龙江公路大桥、吉林前扶松花江公路大桥、重庆朝阳公路大桥等。

此外，在澜沧江、怒江、大渡河、金沙江等流域的西南边远山区，昔日山险水急，无人问津的地方，现在铁路穿山越谷，公路网络纵横，也修建了许多形式新颖、规模较大的桥梁。如横跨澜沧江的永平、永保公路桥。越过怒江的腊猛红旗公路桥、安宁河大桥（铁路桥）等。这些桥不但建造技术上都具有各自的独特之点，且桥依山势，蔚为佳景，更显得江山如画。

传统拱桥放新彩

松树坡石拱桥、"一线天"石拱桥。石拱桥是我国千年传统的桥梁结构形式，过去用于走车马的石路，后来用于走汽车的公路，解放后则大量用于走火车的铁路。以成渝铁路为例，建成的中心形石拱桥有 324 座之多。宝成铁路上，从黄沙河至成都的一段就有 175 座石拱桥。这些石拱桥都在原有的传统上，进行过各种技术革新，以期适用于大跨度及重荷载。宝成铁路上有一座松树坡石拱桥，全长 121 公尺。更值得注意的是，这座桥位于半径为 300 公尺的曲线上。而且路面坡度高达 28‰。因此，桥上行车用电力机车索挽。成昆铁路上也修建了许多石拱桥。其中"一线天"石拱桥跨径达 54 公尺。全长 63.14 公尺，此桥发扬了古代赵州桥传统，在大石拱的两肩上各有 3 个小拱。桥高 26 公尺，两岸悬崖陡立。有"一线天"之称。

长虹大桥、九溪沟桥。公路上的石拱桥,解放后也得到大发展。1961年云南省建成长虹大桥,一孔石拱跨度为112.5公尺,此桥也发扬了赵州桥传统,在大石拱的两肩上,各有5个小拱,拱圈半圆形,跨度5公尺。大拱拱圈为悬链曲线,拱脚至拱顶高度为21.3公尺。拱上公路面宽7公尺,走两排汽车。1972年在四川省建成九溪沟桥,跨径达到116公尺,这是目前跨径最大的一座石拱桥。

渝江人民大桥、浒湾石拱桥。为了就地取材并充分利用石料强度,减少拱圈石的数量和石料加工所费巨大劳动力,各地在工程实践中采用石肋拱代替板拱,采用天然卵石修建卵石拱都取得了可喜的成绩。1967年四川省修建的渝江人民大桥为18孔,每孔跨度为20公尺的卵石拱。1971年河南省修建的浒湾大桥,为石肋拱,为加强拱肋稳定性,肋间加设有石盖板。此桥主拱成"∏"形断面,独具风格。上述两种桥都能通行60吨拖拉机,建成后运营情况极为良好。

新卢沟桥、前河双曲拱桥。1970年11月在北京附近旧卢沟桥下游半公里处建成一座新卢沟桥,这是座双曲拱的公路桥,全长510公尺,分17孔,每孔跨度30公尺,拱桥拱圈由十根拱肋并列组成,每两肋上铺一系列拱波。拱肋为钢筋混凝土,拱波为无筋混凝土。这座桥仅仅用了四个月时间,就全部建成了,说明这种拱桥的优越性。1969年河南省建成前河双曲拱桥,单孔跨度达到150公尺,为目前最大跨径的双曲拱桥。

长沙湘江大桥。更宏伟的双曲拱桥是湖南的长沙湘江大桥。湘江是湖南省的最大河流,经洞庭湖注入长江,

流域面积占全省面积三分之一。长沙位于湘江东岸,东西交通为湘江割断,1972 年 9 月在此建成公路桥一座。桥全长 1250 公尺,系赵州桥式的双曲拱桥,共 16 孔,每孔大拱跨度 76 公尺,拱高 9.5 公尺。全桥为钢筋混凝土建筑。公路面为 4 车道。宽 14 公尺,两旁人行道各宽 3 公尺。长沙的湘江对岸为有名的风景胜地岳麓山,桥上往来行人甚多,故人行道特别宽。这座桥只用了一年时间就完成了。

宜宾岷江大桥,在总结双曲拱桥经验的基础上,群众又创造一种箱形拱。1971 年四川省宜宾修建的岷江大桥,全长 533.75 公尺。主拱圈由六片拱箱组成,每片拱箱施工分为开口箱、盖板和现浇混凝土三部分,前两部分为预制构件。这种拱桥施工程序大体与双曲拱相同,稳定性好,抗扭刚度大,整体性强,适合大跨度拱桥的采用。

1976 年

选自湖北教育出版社《茅以升科普文集》,
1992 年 2 月出版

架起通向科学的桥
——茅以升科普创作精选

77

中国古代科技成就

> 如果一项科学创见或技术发明，不能最终反映到人民生活上来推动历史前进，那就不能算是成就。

　　水有源，树有根，科学技术也有继承发展的问题。毛主席曾说："中国的长期封建社会中，创造了灿烂的古代文化。清理古代文化的发展过程，剔除其封建性的糟粕，吸收其民主性的精华，是发展民族新文化提高民族自信心的必要条件。"列宁也说："马克思主义……并没有抛弃资产阶级时代最宝贵的成就，相反地却吸收和改造了两千多年来人类思想和文化发展中一切有价值的东西。"因此，这本书的出版，正是为了鉴古知今，来加强我们当前为了那宏伟目标而奋斗的信心。从这本书的内容看来，我国古代的科学技术，历来就是处于世界上的前列，有过惊人的辉煌历史，只是在近二三百年前，才开始走下坡路。正如英国人李约瑟在他所著的《中国科学技术史》的序言中所说："中国的这些发明和发现往往远远超过同时代的欧洲，特别是在 15 世纪之前更是如此（关于这一点可以毫不费力地加以证明）。"

　　科学技术的成就，并非纸上谈兵，而应该是确实无疑

地表现在活生生的各种事实上。如果一项科学创见或技术发明，不能最终反映到人民生活上来推动历史前进，那就不能算是成就。这本书所介绍的成就，都可以在我国历史上得到验证，都可以算是当之无愧的成就。

首先，几千年来，我国除短暂时期外，政治上始终统一，尽管民族众多而未分裂成欧洲那样；更不像罗马帝国或蒙古帝国，只是盛极一时，以后就衰亡下去。我们中国和他们不同。我们中华民族上下五千年，屹立于大地，而且日益繁荣昌盛。主要原因之一，正如本书的内容所体现的，就是由于有我们自己的科学文化的辉煌成就。

在今天的世界上，我国国土并非最大，但是人口最多。这不能说只是由于地理条件如气候、土地、资源等比较优越的缘故，因为有同样优越条件的国家，人口都比我国少得多。这应当主要归功于我国古代的农业和医药科学的成就。当然，其他经济方面和文化也有重大影响。

在国内人口增长的同时，我国海外华侨人数也很多，到今天已有三四千万人，散布在世界各地，主要在东南亚一带，在当地作出多方面的贡献。他们依靠祖国的文化，形成团结的力量，这文化里就有科学技术，是华侨立足海外的一种凭借。

说到华侨，不由地想到两千年来，我国科学技术在国际文化交流中的地位和影响。汉代张骞出使西域，开辟了"丝绸之路"，通往中亚、西亚各国，唐代鉴真和尚去日本，明代郑和"下西洋"，不少的探险先驱，都带去了祖国的科学技术。当然，这也同时开辟了我国吸收外国文化的途径。

从 17 世纪耶稣会传教士来到北京以后，"西方"的科

学技术开始输入我国。到了清代末期，封建统治者崇洋媚外；"五四"运动后又有人提倡"全盘欧化论"，结果西方的科学技术就逐渐占领了我国的文化阵地。直到解放以后，由于毛主席的领导和周总理的关怀，我国古代科学技术才逐步恢复到它应有的地位。因而全国各地都特别重视出土文物的发掘、整理、研究、展览等工作，并对古代遗留下来的建筑、桥梁、古迹等，贯彻执行了国家重点保护的方针。从大量的古代文物中，可以验证我国古代的科学技术对我国悠久文化所起的重大作用。

建国不久，1950年，我中央人民政府就颁布法令，规定古迹、珍贵文物图书和稀有生物保护办法，并且颁发古文化遗址的调查发掘暂行办法。28年来，出土文物的数量之多，价值之高，都非常惊人，使我们对我国各民族的文化遗产，有了广泛和深切的认识，特别是对古代科学技术，能亲眼看到它成就的伟大。比如：河北满城西汉刘胜墓中的"金缕玉衣"；湖北江陵凤凰山西汉文帝年间的古墓里有非常完整的男尸一具，外形和内脏的保存都胜过长沙马王堆汉墓里的女尸；陕西岐山、扶风交界处发掘出西周大型建筑遗迹；陕西咸阳发掘出秦始皇时代宫殿遗址；广州市发掘出秦汉造船工场遗址；等等。数不胜数的两千年前的遗物中，哪项没有科学技术的贡献呢。

当然，从这许多文物和遗址中，首先接触到的是当时手工艺的水平，在某些方面，两千年前的劳动人民的技巧，竟可以同今天的技巧相比。手工艺表现在物质上的成品，必定牵涉各种材料的生产和利用，如铜铁、玉石、木料等等，在材料的制成和使用中，结构和装配等等里面就都有技术，有属于冶金工程的，有属于采矿工程、土木工

程、机械工程的，甚至还有化学工程。我国两千年前就有了这样的技术，这是很可以引为自豪的。至于科学水平，这是表现在技术上的，技术之所以成功，必定暗合科学道理，这就证明了，当时劳动人民的生产实践已经掌握了自然界里物质运动的一些规律。

在秦汉以后的文化高潮推动下，我国的科学技术逐步发展，如本书中所介绍。更可贵的是，在自然科学方面，如天文、数学、物理、化学、地学、生物学、医学、药物学等等，有的成就超过西方 1000 年，如祖冲之的圆周率，以及气象学、地震学方面，也处于世界的最前列。至于技术，对人类的贡献就更多了。如指南针、火药、印刷术等等都是我们祖先发明的。在各种工程上的成就更是数不胜数。所有古代科学技术的成就，都是我国人民几千年来勤劳勇敢、机智奋斗的结果。我国人民有无穷的智慧和力量，富于创造性，不但表现在政治、经济、军事、文艺方面，也表现在科学技术方面。

由于长期的封建统治，我国人民的聪明才智，几千年来，并未得到充分发展，特别表现在科学技术上，否则，成就一定会更加伟大。也因为这个缘故，古代科学技术上有过特殊贡献的学者、技师和劳动人民，大都是默默无闻的。然而名虽不传，他们的功绩是不朽的。他们的辛勤成果，犹能重见于今日。

现在看来，我国古代的科学技术，是否都已经陈旧，不值一顾了呢？如果把今天的新科学、新技术好好分析一下，往往可以看到旧科学、旧技术的痕迹，因为新的总是从旧的发展而来的。从整体看来，当然已经面目全非，但是从它组成的部分或零件来研究，穷源探本，往往能看

出它的脉络所在。即使是从西方传来的东西,也会发现有的部分原来是从我们传过去的旧东西里继承来的。从实践来的旧技术,有的形成传统,到今天还有它一定的价值,所以还能古为今用。最突出的例子,河北省的赵州桥可以算一个。它已经有1300多年的历史,但是它的"敞肩拱"技术,今天桥梁工程上还在广泛应用,并且在它的基础上,发展出新型的"双曲拱"。由此可见,在科学技术上,优良传统是很宝贵的。

我国古代的科学技术,在当时的世界上是领先的。在科学技术的竞赛场上,我国是得过锦标的。我国有过这样的历史,在今天的同一竞赛场上,对世界的先进水平,我们是能够赶上并且超过的。我们不但有信心,而且有能力。

1978年3月

选自湖北教育出版社《茅以升科普文集》,
1992年2月出版

桥话

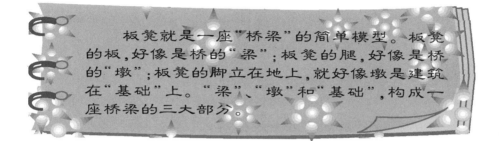

板凳就是一座"桥梁"的简单模型。板凳的板,好像是桥的"梁";板凳的腿,好像是桥的"墩";板凳的脚立在地上,就好像墩是建筑在"基础"上。"梁"、"墩"和"基础",构成一座桥梁的三大部分。

一、最早的桥

人的一生,不知要走过多少桥,在桥上跨过多少山与水,欣赏过多少桥的山光水色,领略过多少桥的画意诗情。无论在政治、经济、科学、文艺等各方面,都可以看到各式各样的桥梁作用。为了发挥这个作用,古今中外在这"桥"上所费的工夫,可就够多了。大至修成一座桥,小至仅仅为它说说话。大有大用,小有小用,这就是这个《桥话》的缘起。诗话讲诗,史话讲史,一般都无系统,也不预订章节。有用就写,有话就长。桥话也是这样。

首先要说清楚:什么是桥? 如果说,能使人过河,从此岸到彼岸的东西就是桥,那么,船也是桥了;能使人越岭,从这山到对山的东西就是桥,那么,直升飞机也是桥了。船和飞机当然都不是桥,因为桥是固定的,而人在桥上是要走动的。可是,拦河筑坝,坝是固定的,而人又能在坝上走,从此岸走到彼岸。难道坝也是桥吗?不是的,因为桥下还要能过水,要有桥孔。那么,在浅水河里,每隔一步,放下一堆大石块,排成一线,直达对岸,上面走人,下面过水,而石块位置又是固定的,这该是一座桥了(这在古时叫做"黿鼍以为桥梁",见《拾遗记》,近代叫做"汀步桥"),然而严格说来,这还不是桥,因为桥面是要连续的,不连续,不成路。但是,过河越谷的水管渠道,虽然具备了上述的桥的条件,而仍然不是桥,这又是何故呢?因为它上面不能行车。这样说来,矿山里运煤的架空栈道,从山顶到平地,上面行车,岂非也是桥吗,然而又不是,因为这种栈道太陡,上面不能走人。说来说去,桥总要是条路,它才能行车走人,不过它不是造在地上而是架在空中的,因而下面就能过水行船。

其次,怎样叫早。是自然界历史上的早呢,还是人类历史上的早。是世界各国的早呢,还是仅仅本国的早。所谓早是要有历史记载为根据呢,还是可凭推理来臆断。早是指较大的桥呢,还是包括很小的在内的,比如深山旷野中的一条小溪河上,横跨着一根不太长的石块,算不算呢?也就是说,是指有名的桥呢,还是无名的桥。这样一推敲,就很难落笔了。姑且定个范围,那就是:世界上最初出现的人造的桥,但只指桥的类型而非某一座桥。

在人类历史以前,就有三种桥。一是河边大树,为风吹倒,恰巧横跨河上,形成现代所谓"梁桥",梁就是跨越的横杆。二是两山间有瀑布,中为石脊所阻,水穿石隙成孔,渐渐扩大,孔上石层,磨成圆形,形成现代所谓"拱

桥"，拱就是弯曲的梁。三是一群猴子过河，一个先上树，第二个上去抱着它，第三个又去抱第二个，如此一个个上去连成一长串，为地上猴子甩过河，让尾巴上的猴子，抱住对岸一棵树，这就成为一串"猿桥"，形式上就是现代所谓"悬桥"。梁桥、拱桥和悬桥是桥的三种基本类型，所有千变万化的各种形式，都由此脱胎而来。

因此，世界上最初出现的人造的桥就离不开这三种基本形式。在最小的溪河上，就是单孔的木梁。在浅水而较大的河上，就是以堆石为墩的多孔木梁。在水深而面不太宽的河上，就是单孔的石拱，在水深流急而面又宽的大河上，就是只过人而不行车的悬桥。

应当附带提一下，我国最早的桥在文字上叫做"梁"，而非"桥"。《诗经》"亲迎于渭，造舟为梁"。这里的梁，就是浮桥，是用船编成的，上面可以行车。这样说来，在历史记载上，我国最早的桥，就是浮桥，在这以前的"杠"、"榷"、"彴"、"圯"等等，都不能算是桥。

二、古桥今用

古代建筑，只要能保存到今天，总有用。也许是能像古时一样地用它，如同四川都江堰；也许不能完全像古时那样地来用它，如同北京故宫；也许它本身还有用，但现在却完全不需要了，如同万里长城。更多的是，它虽还有小用，但已不起作用，如果还有历史价值，那就只有展览之用了。古桥也是这样，各种用法都有，不过专为展览用的却很少。要么就是完全被荒废了，要么就是经过加固，而被充分大用起来。值得提出的是，有一些古桥，并未经

过改变，"原封不动"，但却能满足今天的需要，担负起繁忙的运输任务。这是中国桥梁技术的一个特点。不用说，这种古桥当然是用石头造起来的。

在抗日战争时期，大量物资撤退到后方，所经公路，"技术标准"都不是很高的，路线上常有未经加固的古桥。但是，撤退的重车，却能安然通过，起初还限制行车速度，后来就连速度也放宽了。古桥是凭经验造起来的，当然没有什么技术设计。奇怪的是，如果用今天的设计准则，去验算这些古桥的强度，就会发现，它们好像是不能胜任这种重车的负担的。然而事实上，它们竟然胜任了，这是什么缘故呢？

原来我国古桥的构造，最重视"整体作用"，就是把全桥当做整体，不使任何部分形成孤立体。这样，桥内就有自行调整的作用，以强济弱，减少"集中负荷"的影响。比如拱桥，在"拱圈"与路面之间有填土，而桥墩是从拱圈脚砌高到路面的。拱圈脚、填土和路面都紧压在墩墙上，因而路面上的重车就不仅为下面的拱圈所承载，同时还为两旁墩墙的"被动压力"所平衡。但在现时一般拱桥设计中，这种被动压力是不计的，因而在验算时，这类古桥的强度就显得不足了。提高墩墙就是为了整体作用。其他类似的例子还很多。这都说明，古代的修桥大师，由于实践经验，是很能掌握桥梁作用的运动规律的，尽管不能用科学语言来表达它。正因为这样，我国古桥比起外国古桥来，如罗马、希腊、埃及、波斯的古桥，都显得格外均匀和谐，恰如其分，不像他们的那样笨重。北京颐和园的十七孔桥和玉带桥都能说明这一点。

古桥保存到今天，当然不是未经损坏的。除去风雨

侵蚀,车马践踏外,还会遇到意外灾害,如洪水、暴风、地震等等。也许原来施工的弱点,日后暴露出来。这都需要修理。而修理对于建桥大师,正是调查研究的好机会。他们从桥的损坏情况,结合历来外加影响,就能发现问题所在,因而利用修理机会,予以解决。每经一次修理,技术提高一步。数千年来的修桥经验,是我国特有的宝贵民族遗产。

赵州桥,建成于 1300 多年前,从那时起,一直用到今天,可算是古桥今用的最突出的例子。更可贵的是,它今天还是原来老样子,并未经过大改变。西班牙的塔霍河上,有一座石拱桥,建成于罗马特拉兼大帝时,距今已达 1800 多年,现仍存在,但其中有 600 年是毁坏得完全不能使用的,其服务年限之长,仍然不及赵州桥。在古桥今用这件事上,我国是足以自豪的。

三、桥的运动

桥是个固定建筑物,一经造成,便屹立大地,可以千载不移,把它当做地面标志,应当是再准确不过的。《史记》苏秦列传里有段故事:“信如尾生,与女子期于梁下,女子不来,水至不去,抱柱而死”,就因为桥下相会,地点是没有错的,桥是不会动的。但是这里所谓不动,是指大动而言,至于小动、微动,它却是和万物一般,是继续不断,分秒不停的。

车在桥上过,它的重量就使桥身“变形”,从平直的桥身,变为弯曲的桥身,桥身的两头是桥墩,桥上不断行车,桥墩也要被压短而变形。就同人坐在长板凳上,把板凳坐弯一样。板凳的腿，因受板的压迫，也要变形，如果这腿是有弹簧的，就可看出，这腿是被压短了。桥墩也同样使下面的基础变形。桥身的变形表示桥上的重量传递给桥墩了，桥墩的变形表示桥身上的重量传递给基础了，基础的变形表示桥墩上的重量传递给桥下的土地了。通过桥身、桥墩和基础的变形，一切桥上的重量就都逐层传递，最后到达桥下的土中。形成桥上的重量终为地下的抵抗所平衡。物体所以能变形，由于内部分子的位置有变动，也就是由于分子的运动。因而一座桥所以能在有车的重量下保持平衡，就是因为它内部的分子有运动的缘故。

车在桥上是要走动的，而且走动的速度可以很高，使桥梁全部发生震动。桥上不但有车，而且还受气候变化的侵袭；在狂风暴雨中，桥是要摆动或扭动的；就是在暖冷不均、温度有升降时，形成蠕动。桥墩在水中，经常受水流的压迫和风浪的打击，就有摇动、转动和滑动的倾向而影响它在地基中的移动。此外，遇到地震，全桥还会受到水平方向和由下而上的推动。所有以上的种种的动，都是桥的种种变形，在不同的外因作用下而产生的。这些变形，加上桥上重量和桥本身重量所引起的变形，构成全桥各部的总变形。任何一点的总变形，就是那里的分子运动的综合表现。因此，一座桥不论是在有重车疾驰、狂风猛扑、巨浪急冲或气温骤变的时候，或是在风平浪静、无车无人而只是受本身重量和流水过桥的影响的时候，它的所有的一切作用都可很简单地归结为一个作用，就是分子运动的作用。

桥是固定建筑物，所谓固定就是不在空间内走动，不

像车船能行走。但是，天地间没有固定的东西。至多只能说，桥总是在动的平衡状态中的，就是桥的一切负担都是为桥下的土地所平衡的。这是总平衡。拆开来看，桥身是处于桥上车重和两头桥墩之间的平衡状态的，桥墩是处于桥身和基础之间的平衡状态的，基础是处于桥墩和土地之间的平衡状态的。再进一步来分析，桥身、桥墩和基础的内部的任何一点，也无不在它四周的作用和反作用的影响下而处于平衡状态的。平衡就是矛盾的统一。矛盾是时刻变化的，因而平衡也不可能是稳定的，更不可能是静止的。就是在桥上的一切动的作用都停止的时候，在桥上只有本身重量起作用的时候，桥的平衡也不是稳定的，因为桥和土地的变形，由于气候及其他关系，总是在不断的变化中的。桥的平衡只能是瞬息现象，它仍然是桥的运动的一种特殊状态。

恩格斯说："运动是物质的存在形式"。可见，桥的运动是桥的存在形式。一切桥梁作用都是物质的运动作用。

四、桥梁作用

桥梁是这样一种建筑物，它或者跨过惊涛骇浪的汹涌河流，或者在悬崖陡壁间横越深渊险谷，但在克服困难、改造了大自然开辟出新道路以后，它却不阻挡山间水上的原有交通而产生新的障碍。

桥是为了与人方便而把困难留给自己的。人们正当在路上走得痛快时，忽然看到前面大河挡路，而河上正好有一座桥，这时该暗自庆幸，果然路是走对了。

造桥是不简单的。它要像条纽带,把两头的路,连成一体,不因山水阻隔而影响路上交通。不但行车走人,不受重量或速度的限制,而且凡是能在路上通过的东西,都要能一样地在桥上通过。如果能把桥造得像路一样,也就是说,造得有桥恍同无桥,这造桥的本领就够高了。桥虽然也是路,但它不是躺在地上而是悬在空中的,这一悬,就悬出问题来了。所有桥上的一切重量、风压、震动等等的"荷载"都要通过桥下的空间,而传到水下的土石地基,从桥上路面到水下地基,高低悬殊,当中有什么"阶梯"好让上面荷载,层层下降,安然入地呢?这就是桥梁结构:横的桥身,名为"上部结构",竖的桥墩,名为"下部结构"。造桥本领就表现在这上下结构上。

桥的上下结构是有矛盾的。要把桥造得同路一样牢固,上部结构就要很坚强,然而它下面是空的,它只能靠下部结构的桥墩作支柱,桥墩结实了,还要数目多,它才能短小精悍,空中坐得稳。但是,桥墩多了,两墩之间的距离就小了,这不但阻遏水流,而且妨碍航运。从船上人看来,最好水上无桥,如果必须造桥,也要造得有桥恍同无桥,好让他的船顺利通过。桥上陆路要墩多,桥下水路要墩少,这矛盾如何统一呢?很幸运,在桥梁设计中,有一条经济法则,如果满足这个法则,就可统一那个矛盾。这个法则就是上下部结构的正确比例关系。

桥的上下结构是用多种材料造成的。材料的选择及如何剪裁配合,都是设计的任务。在这里有两个重要条件,一是要使上层建筑适应下面的地基基础,有什么样的基础,就决定什么样的上层建筑,上层建筑又反过来要为巩固基础而服务;一是要把各种不同性质、不同尺寸的材

料，很好结合起来，使全座桥梁形成一个整体，没有任何一个孤立"单干"的部分。纵然上部结构和下部结构各有不同的自由活动，也要步调一致，发挥集体力量。桥的"敌人"是既多且狠的：重车的急驶、狂风的侵袭、水流的冲击、地基的沉陷等等而外，还有意外的地震、爆破、洪水等灾害。桥就是靠着它的整体作用来和这些敌人不断斗争的。

桥的上下部结构要为陆路水路交通同等服务，而困难往往在水路。水是有涨落的，水涨船高，桥就要跟着高，这一高就当然远离陆路的地面了。地面上的交通如何能走上这高桥呢？这里需要一个"过渡"，一头落地，一头上桥，好让高低差别，逐渐克服，以免急转直上。这种过渡，名为"引桥"，用来使地面上的路，引上"正桥"。引桥虽非正桥，但却往往比它更长更难修。

可见，一座桥梁要在水陆交通之间，起桥梁作用，就要先在它自己内部很好地发挥各种应有的桥梁作用。整体的桥梁作用是个别桥梁作用的综合表现。

原载《人民日报》1963 年 4 月 27 日

中国的石拱桥

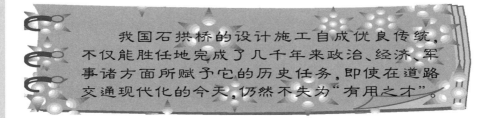

我国石拱桥的设计施工自成优良传统，不仅能胜任地完成了几千年来政治、经济、军事诸方面所赋予它的历史任务，即使在道路交通现代化的今天，仍然不失为"有用之才"。

古代神话称雨后彩虹为"人间天上的桥"，我国的诗人爱把拱桥比作虹，说拱桥是"卧虹"、"飞虹"、"长虹卧波"。

石拱桥在世界桥梁史上出现得比较早。这种桥不但形式优美，而且结构坚固，能几十年、几百年甚至上千年雄跨在江河之上。我国的石拱桥历史悠久。《水经注》里提到的"旅人桥"，大约建成于公元282年，可能是有记载的最早的石拱桥。我国的石拱桥几乎到处都有。这些桥大小不一，形式多样，有许多是惊人的杰作。其中最著名的是河北省赵县的赵州桥、北京的卢沟桥。

赵州桥横跨洨河之上，是世界上最伟大的古代石拱桥，也是造成后一直使用至今的最古的石桥。这座桥修建于公元605年左右，到现在已经1300多年了，仍保持着原来的雄姿。到解放的时候，桥身有些残损，经过彻底整修，这座古桥又恢复了青春。

赵州桥非常雄伟，全长50.82米，两端宽约9.6米，中部略窄，宽约9米。桥的设计完全合乎科学原理，施工技术更是巧妙绝伦。唐朝的张嘉贞说它"制造奇特，人不知其所以为"。这座桥的特点是：①全桥只有一个大拱，长达37.02米，在当时可算是世界上最长的石拱。桥洞不是普通半圆形，而像一张弓，因而大拱上面的道路没有陡坡，便于车马上下。②大拱的两肩上，各有两个小拱。这个创造性的设计，不但节约了石料，减轻了桥身的重量，而且在河水暴涨时增加了桥洞的过水量，减少洪水对桥身的冲击。同时，拱上加拱，桥身也更美观。③大拱由28道同样形状的拱合拢在一起，做成一个弧形的桥洞。每道拱圈都能独立支撑上面的重量，一道坏了，其他各道不受影响。④全桥结构匀称，和四周景色配合得十分和谐，就连桥上的石栏石板也雕刻得古朴美观。唐朝的张鷟说，远望这座桥就像"初月出云，长虹饮涧"。赵州桥高超的技术水平和不朽的艺术价值，充分显示了我国劳动人民的智慧和力量。桥的主要设计者李春就是一位杰出的工匠，桥头的碑文里刻有他的名字。

永定河上的卢沟桥，在北京附近，修建于公元1189—1192年间。桥长265米，由11个半圆形的石拱组成，每个石拱长度不一，从16米到21.6米。桥宽约8米，路面平坦，几乎与河面平行。每两个石拱之间有石砌桥墩，把11个石拱联成一个整体。由于各拱相联，所以这种桥叫做联拱石桥。永定河发水时，来势很猛，以前两岸河堤常被冲毁，但这座桥却从没出过事，足见它的坚固。桥面用石板铺砌，两旁有石栏石柱。每个头上都雕刻着不同姿态的狮子。这些石刻狮子，有的是母子相抱，有的交头接耳,有的像倾听水声,千态万状,惟妙惟肖。

　　早在 13 世纪,卢沟桥就闻名世界。那时候有个意大利人马可·波罗来过中国,他在游记里十分推崇这座桥,说它是"世界上独一无二的",并且特别欣赏桥栏柱上刻的狮子,说它们"共同构成美丽的奇观"。在国内,这座桥也是历来为人们所称赞的。它地处入都要道,而且建筑优美,"卢沟晓月"很早就成为北京的胜景之一。

　　两千年来,我国修建了无数杰出的石拱桥。1961 年,云南省建成了一座世界上最长的独拱石桥,名叫"长虹大桥",长达 112.5 米。在传统的石拱桥的基础上,我们还造了大量的钢筋混凝土拱桥,其中"双曲拱桥"是我国劳动人民的新创造,我国桥梁事业的飞跃发展,表明了我国劳动人民的勤劳勇敢和卓越才能。

　　　　　　　　原载《人民日报》1962 年 3 月 4 日

名桥谈往

桥，确是值得尊敬的。它为人带来了方便，却把困难留给自己。在惊涛骇浪中，建树起桥墩，在狂风骤雨中，架立起横梁。

古往今来，芸芸大众，得名者极少，其能流芳百世的就更少。桥也是一样。自有历史以来，就有人造的桥。最早有记载的是夏禹用"鼋鼍以为桥梁"（《拾遗记》），后来在渭河上，先是"造舟为梁"（《诗经·大明》），逐渐地就"以木为梁"、"以石为梁"（《初学记》），于是桥梁日多，布满全国。4000年来历代所建桥梁，据说有几百万座之多。由于我国文化昌盛，这许多桥梁，一般都有名字，就像人有名字一样。然而，虽然个个有名字，真正"出名"的却不多，人是如此，桥也是如此。不过，桥不像人，从未有过"遗臭万年"的。尽管桥上会有遗臭的事，但桥的本身总是流芳的。流芳有长短和远近的不同，决定于桥本身的技术和艺术，桥在历史上的作用，桥上的故事传说和有关桥的文艺、神话、戏剧等等。这几方面当然是互有影响的。在一方面出了名，其他方面也会跟着附和。然而各方面未必相称。小桥可以享大名，而大桥未必尽人皆知，甚至简直无名。桥的有名无名，要看它在群众中的"威望"。现在以此为准,来谈谈我国传统的名地名桥。所谓传统的桥就是我国固有的各种型式的桥,并非从西方输入的近代型式的桥。

技术上的名桥

我们常常自谦,说是科学技术落后,比不上世界上的先进国家。这是几百年来受了帝国主义压迫的结果。但是,回顾过去数千年的历史,我国不但文化悠久,光辉灿烂,而且就是在科学技术上,也曾盛极一时,桥梁就是一例。我国有许多桥梁,其技术在当时是大大超过世界水平的。这有实物为证。首先要提到的是"赵州桥",这是全世界桥梁史上的一座最突出的桥。它的技术是大大超过时代的。它是在1350多年前(隋代)由"总工程师"李春造成的一座"石拱桥",直到现在,还可使用。

其次应当提出的福建泉州"洛阳桥"。这是一座石梁桥,修建于南宋皇佑、嘉佑年间(1053—1059),长360丈,有47孔。洛阳江入海处水流湍急,波涛汹涌,建桥当然不易,而且当时福建沿海各河上,除有少数浮桥外,几无一处有石桥,洛阳桥的建成,实是划时代的巨大贡献。

也应当提到广东潮州的"湘子桥",它所跨越的韩江,就是唐代大文学家韩愈驱逐鳄鱼的所在,那时就名为"恶溪",可见水深流急,造桥之不易了。这座桥全长518米,分为三段,东段12孔,长284米,西段7孔,长137米,中段一大孔,长97米。东西两段,皆石墩石梁,中段是"浮桥",由18只木船组成。这桥的特点就在中段,那里的木船,可以解缆移动,让出河道以通航。这就是近代的所谓

"开合桥"，合时通车，开时走船，对于水陆交通，是两不妨碍的。然而这样一座结构巧妙的桥梁，却是建成于南宋乾道年间（1169—1173），距今已将800年了。

"万年桥"，在江西南城县，是国内罕见的极长的"联拱石桥"，计石拱23孔，全长400余米。所谓"联拱"就是把许多拱联成一线，形成一个整体，每一拱上的载重，由全部各拱负担，因而是个很经济的设计。这座桥在宋代初建时为浮桥，到明代崇祯（1634）时更建为石桥。"西津桥"在甘肃兰州，俗名卧桥或握桥，在阿干河上，是"伸臂式"的木结构桥，其木梁由两岸伸向河心，节节挑出，在河心处，于两边"挑梁"上铺板，接通全桥。传说这桥建自唐代，经历代重修，现存的是公元1904年重建的。"珠浦桥"，在四川灌县，位于都江堰口，横跨岷江，是用竹缆将桥面吊起的"悬桥"，共长330米，分十孔，最长跨度61米，竹缆锚碇于两岸的桥台中。

以上6座桥，代表6种类型，即拱桥、梁桥、开合桥、联拱桥、伸臂桥和悬桥。从今天看来，所有近代桥梁的主要类型，"粲然具备矣"。当然，在每一类型中还有其他名桥，比如拱桥类有建于元代的江苏吴江"垂拱桥"；梁桥类有福建泉州的"五里桥"，有"天下无桥长此桥"的传说，福建漳州的"江东桥"，最大一根石梁重至200吨，均建于南宋时代；联拱桥类有建于清初的安徽歙县的"太平桥"；悬桥类有建于明代的贵州盘江桥等等。这许多名桥的技术有一个共同特点，就是把桥造得坚固耐久。

艺术上的名桥

桥不在水上，就在山谷，而山与水又往往相邻，构成图画，"山水"成为风景的代名词，桥在这样的天然图画中，如果本身不美，岂不大煞风景。桥的美首先表现在形体，亦即桥身的构造，要它在所处环境中，显得既不可少，又不嫌多，"秾纤得衷，修短合度"。其次在艺术布置处理得当，绝不画蛇添足。一条重要法则是技术和艺术的统一，不因此害彼。上述的几座名桥，特别是赵州桥，就都能达到这种境界。特别在艺术上驰名的，还有很多，这里举几个例：

"宝带桥"在江苏苏州，是座联拱石桥，全长约317米，分53孔，其中3孔联拱特别高，以通大型舟楫，两旁各拱路面，逐渐下降，形成弓形弧线。建于唐代（约806年），重修于宋（约1232年）。全桥风格壮丽，堪称"长虹卧波，鳌背连云"。这座桥的工程浩大，构造复杂，而又结构轻盈，奇巧多姿，成为江南名胜。"玉带桥"在北京颐和园，建于清代（约1770年），桥拱作蛋尖形，特别高耸，桥面形成"双向反曲线"，据说是美国纽约"狱门桥"设计的张本。这是座小桥，庄严而又玲珑，大为湖山生色。"程阳桥"在广西三江，长达100余米，是座伸臂桥，用大木节节伸出，跨度20余米。每一桥墩上建有宝塔式楼阁4层，约5米见方，高10余米。各墩楼阁之间，用长廊联系，上有屋盖，为行人遮阳避雨。这桥的构造奇特，结合桥梁与建筑为一体，形成一座水上的游廊。"鱼沼飞梁"，在山西太原的晋祠内，是个游览胜地。这是座在鱼沼上建成的

十字形的"飞梁",就像两条路的十字交叉一样。飞梁的中心是个 6 米见方的广场,东西向和南北向的两头各有挑出的"翼桥",长 6 米,形成 18 米长的两桥交叉。这桥的构造曲折,整齐秀雅,富丽堂皇。"五亭桥"在江苏扬州瘦西湖,也是个十字交叉的飞梁桥,在中心广场和东南西北的四个翼桥上,各有一亭,桥下正侧面共有 15 个桥孔,月满时每孔各衔一月,波光荡漾,蔚为奇观。

历史上的名桥

桥是交通要道的咽喉,军事上在所必争,历史上记载的与桥有关的战役,真是太多了。往往一桥得失影响到整个战争局面。在和平建设上,有的桥也起过重大历史作用。现举历史上的几个著名的例子。

"泸定桥"即大渡河铁索桥,是 1935 年我红军长征,强渡大渡河的所在。这座桥建成于清代(1706 年),计长 103 米,宽约 3 米,桥面木板铺在九根铁链上,铁链锚碇于两岸桥台。

"卢沟桥",在北京广安门外永定河上,是 1937 年日本帝国主义对我国发动侵略战争的爆发地,也是我国人民解放战争中永远值得纪念的一座桥。这是座联拱石桥,共长 265 米,由 11 孔石拱组成,建成于金代(1192 年)。13 世纪时,意大利人马可·波罗在他的游记中提到这座桥。经过他的宣传,卢沟桥早就闻名世界。

"阴平桥"在甘肃文县,从文县至四川武县的"阴平道"即三国时魏将邓艾袭蜀之路。姜维闻有魏师,请在阳安关口阴平桥头防御。这座桥于清代(1729)重建,是一

个有名的石拱桥。"孟盟桥"在山西蒲州,春秋时秦将孟明伐晋,"济河焚舟,盟师必克",晋师不敢出,遂霸西戎,故以名桥。这里所谓舟,就是浮桥。

在桥梁史上,有的是先行者,成为后来建桥的楷模。晋杜预,以孟津渡险,建"河桥"于富平津,当时反对者多,预曰,造舟为梁,则河桥之谓也,及桥成,晋武帝司马炎向他祝酒说,非君此桥不立也。后来,"杜预造桥"故事,成为一种鼓舞力量。福建自洛阳桥兴建成功,泉漳两地相继修成"十大名桥",为桥梁技术开辟了新纪元,致有"闽中桥梁甲天下"之誉。洛阳桥又是明代抗倭的一个要塞,明末时,郑成功更据此桥抗清,取得胜利。

有的历史上的名桥,实际并非桥,比如,宋代赵匡胤制造的"陈桥兵变,黄袍加身"的陈桥,就不是桥而是个"驿"名,唐时名"上元驿",朱全忠曾在此放火,谋害李克用。

故事中的桥

历史上有许多有名的故事,在这些故事里所牵涉的桥也是往往成为名桥。

有的桥是为纪念名人的。如"惠政桥""斩蛟桥""甘索桥""王公桥""留衣桥"等。

有些桥的故事流传甚广,但其确址难考。如汉张良游下邳,遇圯上老人命取履,圯就是桥,这桥当然在下邳了,但河南归德府永城县有"鄹城桥","一名圯桥,即张良进履处"(见《河南通志》)。

文艺中的桥

桥是地上标志，又是克服困难把需要变成可能的人工产物，因而桥的所在和有关故事，最能动人，成为文艺上的极好题材。在文学中诗、词、歌、赋里以桥命名的固然多不胜数，到了近代文学里，它为群众服务的作用，就更显得重要了。同样，在绘画、雕塑等等的艺术作品中，桥也是重要对象。现就文艺遗产中举几个例子：

"灞桥"在陕西西安，"东汉人送客至此桥，折柳赠别"（《三辅黄图》）。"灞陵有桥，来迎去送，至此黯然，故人呼为销魂桥"（《开元遗事》）。唐·王之涣诗："杨柳东风数，青青夹御河，近来攀折苦，应为别离多。"宋·柳永词："参差烟树灞陵桥，风物尽前朝，衰杨古柳，几经攀折，憔悴楚宫腰。"

"枫桥"在江苏苏州，因唐·张继《枫桥夜泊》诗而名闻中外。其中，"江枫渔火对愁眠"句，有人谓是指"江桥"和"枫桥"两个桥。又唐·杜牧有诗："长洲茂苑草萧萧，暮烟秋雨过枫桥。"其实枫桥只是一个较小的石拱桥。

在古代绘画中，桥虽多，但知其名的很少。可以提出的是宋·张择端画的《清明上河图》中的河南开封的"虹桥"。名画中的桥，多半是拱桥，但这座画中名桥却是个木结构的拱形伸臂桥。它的结构非常奇巧，堪称举世无双。

神话中的名桥

由于桥是从此岸跨到彼岸，凌空飞渡，不管下界风波，这就引起人民的魅力幻想。特别是爱把桥比作"人间彩虹"，把彩虹当做是人间到天上的一条通路。既然上天，神仙就少不了了。

"鹊桥"是神话中牛郎织女在银河上的相会处。《白帖》云："乌鹊填河成桥，而度织女"。《风俗记》说："七夕织女当渡河，使鹊为桥"。神仙本来是会腾云驾雾的，然而在银河上还需要桥，人们把桥的作用抬高到天上去了。"蓝桥"在陕西蓝田县蓝溪上，"传其地在仙窟，即唐·裴航遇云英处"（《清一统志》）。"照影桥"在湖北石首，"相传有仙人于此照影"（《湖广通志》）。此外，各地桥以"升仙"为名的特别多，也是人们在封建统治下不堪压迫向往出头的一种反映。

戏剧里的名桥

出名的人物故事，总会搬上戏剧舞台，桥当然不例外。京剧里演出的名桥故事就不少。最著名的是"长坂坡"即"长板桥"，见《三国演义》。《三国志·张飞传》载："曹公入荆州，先主奔江南，使飞将二十骑拒后，飞据水断桥，瞋目横矛……敌皆无敢近者，遂得免。"还有"金雁桥"也是三国故事戏。关于恋爱戏，有"鹊桥相会"，"虹桥赠珠"，"草桥惊梦"等等。直接宣扬造桥故事的有"洛阳桥"灯彩戏，描述建桥如何艰巨，以及桥成后"三百六十行

过桥"时人民的欢乐情景。

今天造桥的传统

上述的这些名桥中,有四座已经在我国纪念邮票中发表了,就是:赵县安济桥(即赵州桥)、苏州宝带桥、灌县珠浦桥和三江程阳桥。此外值得纪念的还有很多,特别是泸定桥、卢沟桥、洛阳桥和湘子桥。有很多古桥的传统,已经成为民族遗产中的财富,有的更发展为今天造桥的传统,如云南南盘江上的公路石拱桥,跨度达114米,成为世界上最大的石拱桥,就是继承了赵州桥的传统而发展成功的。这种古为今用的发展前景,将是不可限量的。往时名桥虽多,然而"俱往矣",数宏规巨构,"还看今朝!"

原载《文汇报》1962 年 9 月 29 日

二十四桥

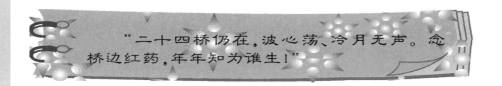

"二十四桥仍在，波心荡、冷月无声。念桥边红药，年年知为谁生！"

　　中国修桥，向来有个"收尾工程"是别国所无的，那便是要为这桥题个好听的名字，借以纪事或抒情，而不是简单地用个地名就够了。题名本来是好事，但有时也会因此而引起误会。诗文中常有一个桥字和上面两三个字连在一起，看去好像是有这么一座专名的桥，但又像是不过是桥的说明而已。唐代杜牧诗中的"二十四桥"就是一例。这到底是一座桥的专名呢，还是说有二十四座这么多的桥。千年来不少人为这问题作了考证，直到现在，报上还不时有争论。不知什么原因，二十四桥这个词很能引人入胜，我也为它引出一些话来。

　　杜牧的原诗是《寄扬州韩绰判官》："青山隐隐水迢迢，秋尽江南草未凋，二十四桥明月夜，玉人何处教吹箫。"用很少的字，表达出对扬州的繁华消逝，人去楼空之感。二十四桥和未凋的草一样，还依然存在，但江南秋尽，那桥上的吹箫玉人，却不知何处去了，这在明月之夜更是显得凄凉。这里的玉人"何处"，应作玉人"何在"解，来形容往事的不堪回首。往事越繁华，越显出今日的萧瑟。这首诗中,只有二十四桥这几个字指出往事的遗迹,因而这几个字就要能充分反映出昔日的盛况。如果这只是一座名叫二十四的桥,它如何能体现全扬州的繁华呢?扬州的桥很多,而且从隋朝起,就分布在全城。《一统志》云"扬州二十四桥,在府城,隋置,并以城门坊市为名"。杜牧的《樊川集》云"扬州胜地也,每重城向夕,倡楼之上,常有绛纱灯万数,辉耀罗列空中。九里三十步街中,珠翠填咽,邈若仙境"。可见杜牧是很醉心于这九里三十步街中的繁华的。二十四桥既以城门坊市为名,就当然是罗布于这九里三十步街中了。因此,杜牧诗中的二十四桥定然不只是一座桥。

正因为这个缘故,沈括的《梦溪笔谈》中,才为这二十四桥,考订出它们的名字,并且指出,在那时(约1064年),二十四桥中存在的仅有八座了。后来当然就全部损坏了。到了明朝,就有程文德的诗:"倒看飞鸟穿林外,俯听吹箫出境中,二十四桥都不见,更从何处见离宫?"(见《扬州府志》)。

二十四桥逐渐减少,就出现一种传说,认为这仅仅是一座桥的专名。如清代李斗的《扬州画舫录》云"二十四桥即吴家砖桥,一名红药桥,在熙春台后";清代吴倚《扬州鼓吹词序》云"出西郭二里许有小桥,朱栏碧甃,题曰烟花夜月,相传为二十四桥旧址,盖本一桥,会集二十四美人于此,故名";清代梁章钜《浪迹丛谈》云"或谓二十四桥只是一桥,即在孟玉生山人所居宅旁",等等,其实都是没有什么确证的。

比较有力的说法,是引南宋姜夔的《扬州慢》词:"二十四桥仍在,波心荡,冷月无声。念桥边红药,年年知为谁生。"所谓"仍在"、"桥边",似乎应当是指一座桥,否则如果是很多桥,难道每座桥边,都有红药吗?但是,紧接这几句词的上面,还有相关的几句:"杜郎俊赏,算而今,重到须惊。纵豆蔻词工,青楼梦好,难赋深情。"可见,"二十四桥"这句和"豆蔻"、"青楼"两句的上面,有一个"纵"字,这个"纵"字就应当贯串到"二十四桥"这句,这才使姜夔从慨叹"玉人何处"而不由地"念"到桥边红药;玉人不在,红药何用,无怪杜牧的"明月"也就变成"冷月"了。显然,这首词里所指的二十四桥,就是杜牧诗里的二十四桥,而不会是另指一座桥;尽管沈括所见的六座桥,经过金人南下,到姜夔时,也许只剩下一座了。

原载《文汇报》1963 年 2 月 6 日

新时代的科学教育

求真、科学方法、科学精神这三点便是科学教育的使命，广义的讲，也就是一切教育的使命。这三点是研究学问所必需的，不限于在上课的时候，做任何事情都离不了。

今天是升学讲座的第一讲，题目是"新时代的科学教育"。这个题目太大，而且也太重要，因此我深觉惶恐。现在只能凭个人所想到的和各位谈谈。

今天在座的都很关切升学问题。各位都是高中毕业青年，将来的大学教育是有关一生的极重要的一个问题，所以对于升学问题必须加以仔细的研究；如进哪个大学，读哪一科，而现在正是紧要关头，因为各大学马上就要招考了。不过我首先要告诉各位，对于某科某系，不必过分重视。最重要的就是关于升学的观念，一般认为所谓升学，便是小学修完六年，中学修完六年，再升入大学修习四年，便算毕业了，这是错的。学问是无穷的，大学四年怎么能就把学问弄好而毕业呢？学问是一生一世学不完，毕不了业的。大学毕业之后还有研究院，研究院也不过三、四年，仍旧不能把学问弄好。所以现在所谓升学的意义，就是有了中等教育的基础，以这个基础来从事高深

学问的研究，并不是说进了大学就算数了。所以我要奉劝各位青年，绝不可以大学毕业以前便读书，大学毕业以后便不读书，毕业两个字在某种涵义下是很不妥当的名词。教育是一种机会，我们随时随地都有机会，随时随地可以受教育，并不限于在大学门内，大学门外可以受教育，大学毕业以后也可以受教育。要紧的是能把握机会，利用机会，充分地教育自己，终身利用机会来教育自己。教育自己的先决条件是什么呢？第一个条件是要有基本的准备。如识字便是最基本的准备，中学教育便是考大学的基本准备。有了这种基本的准备，才可以认识环境，把握机会。然后，第二个条件是要知道学习的方法。任何一件事情，我们想研究它，在学习过程中应该有正确的方法，才可以充分利用教育的机会。第三个条件是要有实践的精神。学问是最现实的，不容马虎，不可敷衍，必须实地去做，必须抱着求真的态度去学习，才可以教育自己。我们具备了上面三项条件，才可以充分地利用机会，教育自己。这三项也可以说是工具，必须随时随地把握住。

我们现在谈科学教育的目的。科学教育的目的就要给你三项工具，这也可以说是科学教育的目的，也即是科学教育的使命。为什么从科学教育中可以得到这三个工具呢？即是因为科学有其本身的价值。先说科学本身的目的，最最重要的就是求真理。所谓真理是每个人都懂的，每个人都讲求真理，但是真有主观的"真"，也有客观的"真"。而科学家所求的是客观的真，是不掺感情的真，是可以实验的真，譬如天文学上所说的行星，你能看见，他也能看见，而且不仅现在可以看见，将来也可以看见。

又如数学上的 2 + 2 = 4，这是铁真，这里不容丝毫假借。再从世界的历史来看，真理两个字也是颠扑不破的。凡是求真理的一定成功，不求真理的一定失败。科学如果不是求真理的，人类一定没有秩序。所以科学的教育可以不仅限于求学，也可推及于做事，就是养成求真的精神，随时随地注重客观，不注重主观与感情。所以科学的目的是求真，科学教育的目的就是养成这种求真的态度。

　　这种求真的态度怎样才可以做到呢？这就是要用科学方法。科学方法分几段，第一步是观察。所谓观察是睁开眼睛看，看得非常仔细，非常清楚。观察后的第二步是分析，把不同性质的现象分开。然后第三步是归纳，把相同性质的现象，归成一类。这样把很乱的现象经过分析后归纳得有条有理，然后可以下一个判断，下一个结论，这结论便可成为一条定律。牛顿定律就是如此得来的。这些定律是从过去的现象中推衍出来的，现在可以应用，也可以应用到将来的变化上去，因为这是真的，现在与将来总是在一个真理之下变化的，而这个真理是永远不变的。这种应用科学方法所得到的定律，诸位在物理化学方面读到很多，而且准确得令人惊奇。譬如天上的行星是一个一个发现的，但是也有从推算出来的，即是在它们还没有发现以前，就有科学家先下了判断，算出来应该还有哪些行星，及其如何运动，后来果然一个一个发现了。又如化学方面的原子，也有推算出来的，也是经过化学家预计英国有若干原子，并且断定其原子量，后来果然不出所料。这种未卜先知，并非玄妙，而是的确根据科学方法推算出来的，所以事情的发生可以和预计相同。像这样的例子在科学界不胜枚举，有了这些定律，我们可

以预测许多事情。如工程师的设计在开始时，也只是一张图样，等到公测完成，一定和预计不差丝毫。又如造桥，也是先绘图，估计可以载重多少，等到造成以后，把这些重量加上去，这桥绝不致于倒坍。为什么可以有这样的把握，就是根据过去的事实观察、分析、归纳，完全合乎真理，所以得到的结论也是真理。这就是科学方法，没有一步是假的，所以得到的结论也是真的；科学方法根据现在的推断到将来，所以可以使科学发展到现在的程度。受了科学教育就可以得到这种科学方法。

　　研究科学一定要有科学精神。科学的求真方法是实践，科学精神就是实践的精神。这种精神第一是忍耐。我们希望发现一件事实，或是发明一种东西，需要有长时期的研究，也就是需要有长时期的忍耐。历史上有的科学家一生从事研究一样东西，或者有了结果，或者至死没有成功，但他一直忍耐地做。这种忍耐精神，是从科学中学到的。第二是勇敢。科学是求真的，所以看到不对的，必须有勇气去揭露它，攻击它；也必须有勇气支持真理，追求真理。历史上常有科学家与宗教家冲突，这就是因为科学家只问真假。只要是真的，即使只有一个人，也不怕去和多数人反抗。为了维护真理，不惜牺牲一切，甚至生命。科学家因为忍耐和勇敢而有了成就。第三，科学家是乐观的。因为克服困难便是一种快乐，所以科学家是乐观的，从不悲观；即使一生一世没有结果，也不悲观；因为他知道这是必须经过长时间和许多人的研究才能完成的，总可以完成的。科学家因为靠了这种精神所以才有成就。科学家因为有了这种精神，所以在历史上创造了许多伟业。求真、科学方法、科学精神这三点便是科学

教育的使命，广义的讲，也就是一切教育的使命。这三点是研究学问所必需的，不限于在上课的时候，做任何事情都离不了这三点——求真、科学方法、科学精神。具备了这三点，就可以随时随地教育自己，而这三点比科学自身还要重要。

下面要讲科学是什么？狭义的讲，科学可以分为自然科学和应用科学。其实都是用的同样的方法，同样的精神，只不过研究的对象不同而已。如果研究的对象是自然界，便是自然科学，如天文、气象等；如果研究的目的是为了人类服务，为人类谋福利的，便是应用科学。至于广义的讲，如果研究是以社会为对象的，便是社会科学；甚至，如果将科学方法应用到文艺、艺术方面去，也可以称为人文科学。总之，只要是用的科学方法，一切学问都可以称之为科学。不过我们今天所取的是狭义的说法，把科学限于自然科学与应用科学，即大学里的理科和工农医科。

现在讲自然科学与应用科学。自然科学是应用科学的基础，诸位在中学读书，已经有了相当的自然科学的基础。自然科学以自然界为对象，自然科学家以自然界为研究的对象。自然科学家是不大注重功利的，他们只注重真理，他们把自然界的真理研究出来，这便是他们的使命。换句话说，他们是为科学而科学的。不过，这也只是说一时看不到他的研究的功利，对于未来，也许 10 年 50 年后，可能发生很大的影响。如原子弹，很早就有人研究原子了，但是当初并没有想到原子弹，目的只是为了研究宇宙现象，却不料后来竟发生了这么大的影响。此外，如飞机及无线电的发明也不是一朝一夕研究出来的，而是由自然科学家经过多年的研究,到后来才把研究的结构加以应用,而自然科学家当初并没有想到后来会有飞机和无线电的发明的。由此可知,自然科学家是求得真理,而应用科学家便是把这个真理拿来应用,所以自然科学是应用科学的基础。

应用科学的目的是为人民服务,为人类服务,即是将科学的真理与发明应用到人民的生活上,提高生活,增进大众的享受。也就是说,把自然科学的真理应用到人类必需的事物上去。消极地讲,应用科学是要控制自然。譬如大水,这是自然想象,应用科学便要设法防御,使不发生水灾。又如瘟疫,应用科学便要设法防治,使其扑灭。积极地说,应用科学还要改变自然。如建筑铁路遇到大山,必须穿洞而过,这就是改变自然。最后,应用科学更要征服自然。这里最好的例子是时间。如以前走路是很慢的,现在的飞机和无线电便把时间缩短了;同时,也可把时间延长,如人的寿命,现在的医学可以使其延长,这也就是延长自然界的时间。所以消极的讲应用科学的目的是控制自然,积极地讲是修改自然,征服自然。由于应用科学家的努力,我们才有今日的近代文明。这直接是应用科学家的努力,间接是自然科学家的努力。近代文明的提高,人民生活的改良,这些都是科学家的贡献。所以学科学的人,不管是自然科学或应用科学,一定都有这个感觉,即是可以对人类有贡献,研究科学,可以看到自己的努力,改善了大众的生活,增进了大众的快乐,岂非也是自己的快乐吗?

学科学的人,除了研究和实践两种任务之外,还有两种附带的收益:第一是时间与时间性的观念。学科学的

人都对时间看得很清楚，晓得一秒钟的价值多大。天文学家计算星的速度，1秒钟，甚至1秒的几分之几，也不能忽视。还有时间性，如大水是有时间性的，什么时候发水，科学家看得很清楚。这对于我们一般社会来讲，尤其在中国，是非常重要的。我们一般人都对时间观念，一向不清楚。有时间观念的人是1秒钟都不放弃的，而无时间观念的人却是糊里糊涂度过一生。学科学的人都知道时间，看重时间，看重时间性，这种观念一般人都很缺乏，应该在科学教育中培养。第二是节省精力，不浪费精力。科学家都知道节省无谓的消耗，选择最有效最经济的路走。有的人不知道利用简单的方法，以致浪费许多时间与精力，这就是不懂科学所致。科学教育就是要使人知道如何利用最少的时间与精力来达到我们的目标，这一点是从实验室中体验得来的。

研究科学还有一个崇高的理想，就是广泛地为人民服务。我们知道应用科学发展到今天，和资本主义是相互为用的。资本主义帮助了应用科学的成功；同时应用科学也帮助了资本主义社会的发达，而结果就很自然的归结到凡是应用科学对资本主义社会有利的，即得到发展，不利的即得到阻挠。就是说在资本主义制度下，应用科学没有发展的自由。我们常用的剃胡刀片，几天要换一片，但很早就有人发明了一种可以用一生而不必换的刀片；但是这种发明因为妨害了制造刀片的资本家的利益，他们于是就收买了这个发明的专利权，一直到现在还没有拿出来应用。又如留声片，5分钟就转完一片，但是很早就有人发明一种可以转1小时的，结果也被资本家收买了去，直到老唱片卖完，现在才把这个发明取出公诸于世,所以为全体的人民服务,应该是学科学的人的坚强信念。此外,更可以进一步达到一个更崇高的理想,就是使所有的人民都成为科学家,这也是学科学的人的一种责任。有的老百姓不识字,但他倒的确有科学脑筋。譬如烧菜的大师傅,虽然不识字,但是他菜烧得非常好,其中必有科学的奥妙。又如中国过去虽有指南针、火药等等的发明,但因为对这类学问都是无系统无组织的,所以都没有成功为科学。我们如果能使社会上的人均成为科学家,均能求真,使整个社会科学化,这便是达到学科学的人最崇高的目的。这是一个很重大的任务。我们如果能把科学自由发展,普遍为人民服务,我们还可以进一步的使人民为科学服务。譬如以前我们只知道太阳系有八大行星,而现在则有九大行星,这个新行星就是冥王星,这是一个乡下农民发现的,这就是人民也可为科学服务了。所以由这种种方面看来,科学家的任务是非常重大的,而且是非常快乐的。我很希望各位将来进了理工农医各学院,均能学会科学方法和科学精神,在其他文法商学院读书的,也能研究科学方法和科学精神。这种科学方法和科学精神的成功,才是我们事业的真正成功。

原载《科学》1949 年第 8 期

自学成才，振兴中华

架起通向科学的桥——茅以升科普创作精选

> 学不分中外，用不论古今，为用而学，学贵在用。

"自学成才"这个词，好像是近年来才提倡的一种学习方法。其实这本是我国数千年来，在新式的学校制度输入以前，最普遍的自我教育的行之有效的方法。直到19世纪末，我国最盛行的教育方式是在"私塾"中学习，一位老师开班，传授七个八个门徒，各读各的书，当然只是文史而非科学。这种形式的教育，可以上溯到宋代。比这更早的形式为"家学"。更早的在夏代有"校"，殷代有"序"，周代有"庠"，唐代起直到清代，都有"书院"。这些都不是今天的学校，而有些像今天的"学会"。总而言之，在我国历史上的教育制度，都是在全国范围内提倡"自学成才"，其目的是通过国家考试，获得"学位"如"秀才"、"举人"，以便做官。对于地大人多的国家，像我国，这确是可以采用的一种教育制度。它不需国家担负学习中的生活费用，而且各人自学，可以选择最适合自己的条件和兴趣的学科。比起今天小学、中学、大学的脱离生产的集体学习，可以自由得多。在这集体学习的制度下，同一班的学生，读同样的书，有同等的水平，求同样的进度，

每班有一定的名额，每人有规定的年龄，考试用同样的试题。学校造就人才，就像工厂里的大批生产一样，用同样的原料，经过同样的工序，在同样的时间内，经过同样的检验，最后生产出同样的产品。但是，工厂产品可有同样的用途，而学校学生毕业后，则各走各路，不可能都用其所长。在发挥作用这点上，自学如加以辅导，更有作实验的机会，勤奋刻苦，孜孜不倦，其成才可能，未必亚于脱产学习。而且自学可有各种自由，如科目、课本、时间等都可自己选定。如果在自学的同时，能参加一种科普教育，而这科普工作是正规化的，则自学效果，必然更好。正规化的科普工作，与千万人的自学成才相结合，就可形成一种世界所无的最新式的教育制度。这个制度在我们10亿人口的国家，就可发挥最广泛、最实际的作用，更快地促进四个现代化来振兴中华！

原载《北京科协动态》1982 年 5 月 7 日

实行先习后学的教育制度

教育要从小开始,不但在课堂,还要在课外,并在日常生活中培养自己爱科学、学科学、用科学。

编者按 茅以升同志自 1926 年开始,在当时《工程》杂志发表《工程教育之研究》,1950 年又在《光明日报》发表《习而学的工程教育》,一贯主张要实施"先习而后学"教育方法。这里,将其 1951 年《光明日报》发表的《实行先习而后学的教育制度》,以及《自然科学》杂志发表的《工程教育中的学习问题》,合并摘要刊出,以介绍茅以升先生"先习而后学"的教育思想。

我以为要使我们原来的教育,配合到现代化建设的需要,便应该考虑到改变我们的教育制度。现在一般大学的学生都是四年毕业的,所学的才成为完整的一套,才能发挥作用。学生在毕业前,无论哪一年停下来,所得到的东西只是零碎的片段的,不能配合成形来使用。如果叫一位大学生在学习时中途去改学其他科目或去参加工作,他以前所学的往往就会无用而成为浪费。为了使大学生可以随时适应国家的需要而调动,不致于浪费已经花去的精力，我以为可以把四年级学习的内容分作四个独立而又连贯的小阶段，即在每一年所学到的都是完整的成套的。这一套逐年加大加强。这样，不管学生在哪一年级离开学校，都不致于受到很大损失了。（现在大学生要在四年内爬一座大山，不能中途下来，何不改为爬四座小山呢？）

要实行这种教育制度，最重要的是要理论与实际的密切配合，要使每年学习课程中，理论都能够与实际相配合。其实习实验的对象，在低年级时应该是具体的，到后期就逐渐向抽象转变。即是在实践基础上，将先得到的感性认识和后来发展到的理论统一起来。这样逐年成段落的教育，其自然趋势，便是我所主张的先习而后学的教育。

中国数千年来的教育，都是先学而后习的。所以古书里有"学而时习之"的话，而"学以致用"、"知而行之"等类的说词，成为千变不离其宗的教育方法。然而古时这方法的产生，并非由于教育原则，而是由于政治和社会的制度。在封建统治或资本主义的政治和社会里，一要造就通才；二认为理论重于实践；三对学生重质不重量；四将教育"科举化"、"八股化"，其结果自然而然地产生了先学而后习的方法。

我早在1926年就发表了《工程教育之研究》一文，提出先习后学的意见，无奈当时认为幻想，和之者寡，但我却坚信不移。等到解放后，就提出"习而学"的口号（很多年来，同学们要我提纪念册，我就爱写"学而时习之，习而时学之"两句话）。并在《光明日报》上发表"习而学的工程教育"主张。其时各方反映甚多，有些疑问，在去年6

月4日《光明日报》、《工程教育的方针与方法》一文里答复了。后来又听到些意见，需要解释，现将先习后学的各种理由，一并列举如下，以供讨论。

（1）学的对象是理论，习的对象是实践，理论与实践，并非各自孤立，而是彼此需要互相依靠的，同体力劳动与脑力劳动不可分一样。因此在学习里，理论与实践，应求其统一。但在课程结合到实际时，在任何一个阶段不能不有其一定的次序，于是发生学和习的先后问题。这里主张的，是先习实践课程，后学理论课程，由"知其然"达到"知其所以然"，是"学而时习之"的大翻身。

（2）由"知其然"而达到"知其所以然"，本是极自然的学习方法，如学文先习语，即是一例。工厂里"师徒制度"训练出的人才，往往是出类拔萃的工程师，即因他先实践以习技能，后自学以通理论，对于实际中接触所得的具体现象，能以理论去贯串联系，得到整体全盘的透澈了解。他看重理论，甚于大学的毕业生，他对理论的了解，亦甚于大学毕业生（指旧教育而言）。

（3）理论与实践，谁是基本，谁是工具，在学校的传统看法，理论是基本，然而在现场工作的人们看来，理论只是工具。这两种看法，对于学生学习，都是有妨碍的。近代科学发达，技术进步，当然是靠理论的推动力，然而理论的根源是在实践，而复杂的理论，更需要实践（实验）来解决。理论扩大实践的范围，实践提高理论的目标。每一工程问题的理论，后面必须要紧接实践，而实践的后面，又必有新的理论，两者紧密循环的结合，便使理论与实践融会成一体。因此理论与实践，是互为基本，互为工具，而不应强分高下，或各自孤立的。正因如此，在工程

的学习里，理论即不一定要先于实践，倘若实践的效果更好，便应放弃理论为基本的成见。

（4）理论课程与实践课程，谁是基本问题，可举例以明之。譬如造屋，实践课程是供给造屋所需的一切材料，如砖石木铁。理论课程是使这些材料配合成形，大之使成屋架，小之使成门窗户壁。当然二者都至关重要，缺一不可。然若说"成形"的功用，大于材料本身，将"基本"的美名，加到理论课身上，无形中减低实践课的重要，则不免受了封建教育思想的影响。再以学习外国语文为例，以前传统的方法，是先学文法，后学会话，亦即是先理论后实践，过于看重理论。然而现在最新最好而是经考验的办法，是先习会话，后学文法，亦即先习而后学。在这新方法内，会话与文法，同等重要，不分谁是基本，但从功效来决定，便是先会话而后文法。

（5）从工程发展的历史来看，一切工程都是先根据经验，然后尝试，等到知其成败，再从成败中推求出法则，研究出理论，然后从新的理论，再创造出新的工程，但其最初根源是实践而非理论。因此习而学的教育方法，正是符合工程发展的本身规律。

（6）"先知其然，后知其所以然"，不但是教育的当然程序，亦是研究一切事物的方法。遇到一件新鲜东西，最初知道的，只是它的作用，后来经过考察分析等等思虑，方才逐渐地领悟其真相，推敲出理论，知其所以然。因此有了先习后学的习惯，便能进行研究工作。历史上有许多发明家，循此步骤，得到成就。有些重大发明，连发明的人，当时都不知其理论，可见实践是研究的开端。

（7）理论课程，是重要的，是必须修学的，但切不可

空,亦不应泛。欲避免此种空而且泛的毛病,唯一方法即是先习而后学。所学的以所习的为根据,所习的既是无法空泛,因此所学的理论,也就不会空泛。如若先学而后习,脑中海阔天空,无处非理论,等到实践时,偏偏那最关重要的理论,倒可能未曾遇见过。

（8）先学理论后实践的人,往往易犯教条主义,尤其是在初学理论还无经验的时候。倘若先习后学,便知理论的应用,是有限制的,因而不致空谈乱说或言行不符,对于作风态度,也可起一定的作用。

（9）欲了解理论,过去传统的办法,是从书本中钻研,因为书本是旁人经验的累积,既是有人从经验证明了的理论,当然可以信赖接受,不需重复地去再做实验。然而除了这种间接方法,倘能从自己的实验里,来了解自己所欲了解的理论,这了解的程度,一定比从书本得来的,更为透澈。书本所用的文字和图画,无论如何,总不及实物,因之形象教授法,高于书本传授,而有些理论,更非从实践经验,无法领悟。

（10）科学进步,理论当然日益精到,同时实践,也愈来愈新。以桥梁言,计算应力,若只凭理论,疏漏之处尚多,甚至有无法解决的问题,然若用实践的方法,如"偏光析力"或"电流感应"等法,则其结果,格外周密正确,可补理论之不足。又如近代之"计算机"能解决数学上的高深问题,其功用之大,极可惊人,竟可代替人脑的功作。机械虽是根据理论做成,但其功用的发挥,却将理论更推进一步。

（11）过分看重理论的人们,每好说理论即是思想的训练,理论不通的人,思想便也不通,其意好像是说,仅凭实践是无法把思想搞通的。其实，实践正是搞通思想的更好方法，不仅政治方面为然，科学技术亦如此，其分别只是在，有些思想要靠理论，有些要靠实践来搞通，而并非单凭理论即可将思想训练的。

（12）理论主义者又好说"灵感"，认为许多发明创造，是由灵感而来，而灵感则有赖于"幻想力"，欲养成幻想力，则需精通理论，其实这是倒果为因的说法。幻想是想入非非，灵感是有触而发。这非非的边际是什么，有触是触到什么，难道都是书本上的理论吗？不是的。无论如何想入非非，这非非有个边际，就是实际的经验。无论如何去触，所触到的根源，必定是具体实物。即使一位理论主义者，关在房中，埋头苦干，他绝不会有灵感，他的幻想力，也绝不会有进步。

（13）理论是抽象的，应用于事物而求其内在的规律和联系时，必须假定事物应具备之条件，而此项条件，又不免抽象，绝难吻合于实际。如材料力学中分析应力，必须假定材料之物理性质，应如何均匀，材料上加重，应如何分布，等等，均为实际不可能之事。倘实际情形，不似理论所假定，则理论结果，亦必不合于实际，而成为空泛。工程上最困难的问题，不在理论本身，而在如何应用此理论。工程成败，完全决定于应用的得当否。而欲知如何应用，则绝非深入于理论能解决，必须于实践的经验中求之。理论无论精辟周到，皆是在抽象的理论环境中，但在应用理论时，便到了具体的实践环境。不知实践，理论亦无用处。唯有以实践为基础的理论，此理论方能应用，方能解决问题。

（14）工程师对于科学理论，不但要能彻底了解，尤其

要能牢固掌握。然后方能：①解释现象，坚强他对任务的信心。②举一反三，扩大科学应用的范围。③推陈出新，研究更新的理论。然而任何理论都是抽象的，一用到具体实物上面，便受实物的条件限制（譬如材料性质、四周环境、使用情况等等）这些条件限制，无一能从理论知道，必须从实践经验得来。因此，有了经验再学理论，方知理论可贵的所在，能善用而不致误用。否则若先知理论，然后应用，其结果不是手足无所措，便是横施滥用，徒然辜负了理论的价值。

（15）我们常说理论应与实际结合，这里面的意义是说，有的场合，应当理论去结合实际，有的场合，是实际去结合理论。如同革命行动的实际，是要靠理论去指导的。又如创造发明的研究工作，也是在实际里去求结合理论的。然而在教育里，究竟是先有了实际，然后用理论去结合，还是先有了理论，再拿实际去结合呢？理论是举一反三的，实际是时刻变化的，谁应去结合谁呢？哪种结合方法，最适合教育原则呢？如果理论是要掌握实际的规律，而教育是要了解实际的情况，那便应是理论去结合实际，亦即先知实际，再学理论。

以上说明了在工程教育中实践的重要，理论与实践的相对地位，实践在前理论在后的学习原则，并且强调了先习后学所得的理论，更为巩固。如将此结果，反映于高等学校的工程课程，即可发现其中存在的矛盾。这些课程的排列，是基本科学课在第一年级，应用科学课在二、三年级，专门业务课在第四年级。亦即理论课在前，实践课在后，正与上述的条件相反。若用先习后学的原则，则年级划分，只有程度区别，而无性质差异。在每一年级

内,都应先习业务,后学理论,理论程度,随业务上升。学生可视国家需要,于任何一年终了时,出校服务,因而就有速成的建设人才。倘有任何一种教育制度,它能很快地造就很多很好的建设人才,这制度不正是我们国家所急切需要的吗?不正是中央教育部所强调指出的为国家建设服务又为工农开门的教育吗?这种新教育如何能产生呢?可能它就是产生于一种新的学习方法,先习后学的方法!这方法是学习问题里的一个症结,而在过去,是不甚为人注意的一个症结,然而就因这症结的解决,就可唤起旧教育制度的改革和新教育的产生,像这样症结的学习问题,在工程教育中,该是极端重要的问题了。

原载《自然科学》第 1 卷第 4 期,1951 年 9 月

学习研究"十六字诀"

博闻强记，多思多问，勤于实践，勇于创新。

《浙江日报》办了一个叫"治学经验一席谈"的专栏，约请多方面的专家、学者谈自己的治学经验，这是一项很有意义，很有价值的工作，我是搞桥梁研究的，又长期在大专院校和专业研究部门担任教育、领导工作，很愿意接受《浙江日报》编辑部的约请，谈一点自己的经验和体会。

治学就是做学问。何谓有学问？用简单明了的话说，就是懂得的知识多，能运用这些知识。范成大《送别唐卿户曹擢第四归》有句诗："学力根深方蒂固"。世界上没有"生而知之"的圣人，只有学而知之的"天才"。要使自己懂得多，首先就要学得多。我经常和青年同志们说要"博闻强记"，就是这个意思。学习要学得深，但不要钻"牛角尖"。许多知识都是互相联系的。要想学得深，在某一方面作出成就，首先就要学得广，在许多方面有一定的基础。正像建塔一样，一个高高的顶点，要有许多材料作基础。世界上许许多多专家，没有一个是钻"牛角尖"钻出来的。马克思、恩格斯是搞社会科学的专家，但他们

对数学有浓厚的兴趣，而且很有造诣。据一些研究马、恩的同志说，马克思、恩格斯能在社会科学方面作出如此辉煌重大的突破和创见，一个重要的原因，是靠学数学锻炼了自己严谨的科学的思维能力。马克思、恩格斯自己也说过类似的话。因此，要想当专家，首先应该是"博"士，要想成为某一门知识的专家的同志，千万别把自己的视野限制在这门学科的范围内。学文科的要学理，学理科的要学文。大家都可以学点音乐、美术之类。现在有些同志对专业研究颇有见地，但因为文学水平差，论文写不好，研究成果表达不清，得不到别人的承认，更谈不上研究成果为社会服务。有些知识，看起来与自己的专业无关，但学了，见多识广，能启迪你的思想，加深对知识的理解，促进学习。

当然，所谓"博闻"，不是说什么都去搞，"博闻"，不仅是对各科知识而言，一个学科里面的各方面，也有一个"博闻"的问题。对搞专业研究的同志来说，要掌握比例，不要丢开专业，不要"喧宾夺主"。早年，我在唐山工业专门学校读书时，兴趣是广泛的，但特别是对力学、桥梁建筑感兴趣。看到贫弱的祖国许多铁路和桥梁修建权被帝国主义把持，如济南泺口黄河大桥是德国人修的，郑州黄河大桥是比利时人修的，沈阳浑河大桥是日本人修的。云南河口人字桥是法国人修的，珠江大桥是美国人修的。凡是像样一点的桥梁的修建权都落入"洋人"之手，实在令人痛心。对祖国的热爱，激起了我发奋读书的意志，决心要在桥梁事业上为中国人民争口气。那时我20来岁，正当学习的黄金时代，就从踏踏实实地学习做起，力求在较短的时间内学到较多的知识。没有教科书，就去找有

关的书和资料，有时带着一个问题，找来五本十本。不仅读得多，而且反复地读，拼命地记。这样，一个个的问题弄懂了，自己的知识面也一点点地拓宽了；学过的知识记住了，以后学习就方便了，不必在查工具书上花过多的时间。在唐山读书五年，各科考试都名列全班第一。后来到美国去留学，白天在匹兹堡的一家著名桥梁工厂里，实习桥梁的制造和安装，晚上广泛地查阅各方面的资料，把各家知识吸收为自己的东西，从而获得加利基理工学院第一个工学博士学位。我在回顾和总结自己各项研究成果时，不能不把成绩的起点上溯到那时的"博闻强记"，因为是这种方法为以后的研究工作，打下了扎实的基础。

"博闻强记"只能说是一种学习方法，是接受知识，为自己的研究和创造打基础。搞研究工作，要出成果有创见，还要"多思多问，取法乎上"。有人打比方说。文章是固体，言语是液体，思想是气体。我提倡多用这看不见、摸不着气体——思想。这不是怕写文章讲话要被人抓住把柄，更没有同"知无不言"、"凡是无所不可言"背道而驰的意思。我的意思是：多想比多写多说更重要。对知识不但要知其然，而且要知其所以然。多问几个为什么，大胆地提出自己的疑问和设想。学术上的许多突破和创见，无不是从大胆的怀疑或设想开始的。有疑问，有设想，才能去证实，才能有突破。1920年留美回国以后，我先后在唐山交通大学和中国铁道科学研究院等高等院校、研究院任教和从事专业研究。我经常给自己出难题，也经常要学生出难题。过去讲课有个老习惯，在上课的前十几分钟教师提问题要学生回答。我在任教的时候，也有问学生的，但更多的是倒过来，让学生提问题由教师

回答，或这个同学提的问题让那个同学回答，学生提的问题教师答不出，就给这位同学以满分；你提不出问题，那么就请你回答后面学生提出的问题。根据学生提的问题的水平、深度打分数，也根据学生回答问题的结果打分数。这样做，看起来作答的同学更难些，在分数上吃亏，但可以鼓励和促进他们想问题，提高解决问题的能力。实践证明，这种方法是可行的。因为教师问学生是主观的，学生懂的，回答你，收效不大；学生问教师是客观的，可以根据所提问题的深浅判别他掌握知识的情况，也可以由此而检查教师的教育质量。有些问题课堂上不能解答，就成了学生的课外作业，有的还成为我的研究课题。记得有一次讲力学，学生提出了"力"是什么的问题。这在书上是有定论的，但书本上说的很概念化，不清楚，做老师的也说不清。于是，它就成了一个研究课题，通过一段时间的研究，我作出了比较形象明确的解释。现在，有的青年同志怕提问题，认为这会暴露自己的弱点。有的同志则想一步登天，不愿在研究一个个的小问题上花功夫。这些都是做学问搞科研的拦路虎。荀子的《劝学》篇有句说："不积跬步，无以至千里；不积小流，无以成江海。"荀子这话说得很有道理。要到千里之遥，就要踏踏实实地从一步一步走起；要渊要博，就不能嫌涓涓细流。搞研究工作，只有从一个个的小问题入手，进行种种设想，提出种种方案，在各种方案的对比衡量中，采取正确的方法，才能从微到著，从小到大，有所突破，有所创见。

以上所说的这些，可以说是很一般的道理。大多数同志是明谙的，也能够这样做。那么，为什么许多同志不能达到目的呢？应该说，确实是因为先天智力不行的，那

只是极少数,而极大部分同志是因为对自己所执的事业不够专注。治学有没有自觉性,能不能持之以恒,这是成败的关键。有许多人,他(或她)的先天条件并不十分优越,可是因为他对事业专注,几十年如一日,有的甚至扑上了全部身心,因此取得了举世公认的成就。爱因斯坦就是这样的一例。爱因斯坦小时候曾被当做迟钝的孩子,记忆力也很差,一个校长曾这样下评语:"干什么都一样,反正他绝不会有什么成就"。但爱因斯坦,没有因自己的先天不足而畏葸不前,他具有坚持不懈的恒心,不为物质生活、交际应酬所分心,正是由于他对事业的专注,创立了相对论,在别的领域成就也很大。与此相反,也有许多人先决条件十分优越,可是因为他见异思迁、虎头蛇尾,结果却终身碌碌无为。这样的例子举不胜举。三天打鱼,两天晒网,不是一个好渔民。怕苦怕累怕脏的人,不可能成为好的农民和工人。做学问的人也一样,想靠憋一阵子气,咬一下子牙而出成果,是不可能的。做学问要有决心,更要有恒心。下个决心并不难,做到有恒心就不容易了。这要靠自己督促自己。学习研究都要有计划。有了计划就要严格地执行,不要自己骗自己。我 20来岁的时候下决心搞桥梁研究,60 多年来,在理论上作了不少探讨和阐述,也参加了许多大小工程的建设。每当取得一项研究成果或看到由自己参加的一项工程胜利完成时,都感到莫大的快慰,党和人民也给了我很大的荣誉。但我总感到不足,从未产生过可以歇一歇或者改换研究课题的念头。可以说,每时每刻,我的案头都有几本备读的书,都有几个问题在自己的考虑研究之列。这样不间断的学习和研究,虽然从一个时期一个阶段看,收效

架起通向科学的桥
——茅以升科普创作精选

129

不一定很大；但连贯起来看，就可贵了。因此，在回顾和总结自己学习经验的时候，我要与青年同志们说的最后一句话，就是要"持之以恒"。

"博闻强记、多思多问取法乎上，持之以恒，"这是我经常和青年同志说的几句话，也是自己几十年来学习研究的基本方法。权且称为"十六字诀"吧！

原载《浙江日报》1981 年 12 月 2 日

检阅了我们科学大军的后备力量

科学不是神奇的，任何奥妙都可以揭穿的，然而攻破科学堡垒也不是简单的，必须贡献出一生的精力，坚持不懈地前进，占据一点是一点，哪怕是最小的一个据点。

1955年8月9日，在北海少年之家，我参加了一个非常动人的少年儿童联欢会。在这会上我所见到的小朋友们都是科学技术爱好者，不但有热诚，而且有表现，他们已经创造出上千件的科学和工艺的展品，来和首都各界人民见面了。我看到了他们在会上表演的电动铲土机、人工降雨器等等的精致模型，他们的智慧和才能使我十分惊喜。我再细看这小小的科学队伍，原来都是9～15岁之间的高小和初中的学生，有男生、有女生。他们来自祖国各地，包括了十几个民族。很多是从四川、广东、黑龙江、内蒙古等遥远的地方来的。他们都带着红领巾。我看到他们那样欢庆洋溢、全场沸腾的景象，不由地心中暗想，这真是毛泽东时代的幸福儿童，中国数千年历史上何时的儿童曾经有过这样一天！中国共产党真是太伟大了！

第二天我去全国少年儿童科学技术和工艺作品展览

会,看到了他们的全部展品。这真是一个丰富多彩的展览。他不仅展出了作品;而且,更重要的,显示出祖国新生一代的如同百花齐放、春笋怒发的正在滋长的巨大力量。这力量表现在:他们是热爱祖国的,在有台湾地图的模型上,看到他们是如何怀念自己的领土,在一个由汕头小学制作的治淮工程模型上,看出他们是如何把祖国各地都当做自己的家乡。他们是热爱劳动的,他们不但亲手制作出这些展品,而且很多展品是长期劳动的成果,他们已经认识到劳动创造世界。他们是热爱科学的,他们的展品接触到自然界的许多方面,那里有上古时代的化石,也有最新的原子能电站的模型;有走的、飞的、游水的动物标本,也有走的、飞的、游水的动力工具的模型;他们对大自然有浓厚的兴趣和征服的雄心。他们是习惯于集体生活的,很多作品是集体创造,有些并且是经过长期有计划的组织而获得成绩的。他们是认识到理论应当结合实际的,很多展品和国民经济有关,看出他们是如何渴望在社会主义建设中早日贡献出力量。他们是喜爱艺术的,在工艺作品中看出他们对美术的创造,使多少艺术家们为之咋舌,有后生可畏之感。最后,他们是懂得节约的,差不多所有展品都很简单朴素,很多是利用了各种废料做成的。

看了这样展览就好像是检阅了我们科学大军的后备力量,给了我们极大的鼓舞。这就加强了我们对未来科学家们的教育的责任感。我愿首先在这里对我们可爱的科学少年们表示几点希望:第一,永远不要忘记,今天的这点科学嫩苗是怎样培植出来,而且眼看就要发芽滋长的。这是由于中国人民的解放,民主政权的建立,由于党

的领导、青年团的鼓励。必须时刻准备着，做到毛主席指示的"三好"。第二，要知道科学不是神奇的，任何奥妙都可以揭穿的，然而攻破科学堡垒也不是简单的，必须贡献出一生的精力，坚持不懈地前进，占据一点是一点，哪怕是最小的一个据点。第三，要知道科学是统一的，要了解一个生物的现象就要有物理和化学的知识，而在解决一个物理中的问题时，也可能牵涉地质和气象。同样，在经济建设中的一切技术问题，都需要综合的科学理论去解决。因此，在学习的时候，不能专凭兴趣去选择学科，而要对一门专业所必须的各种知识都给以全面的注意。第四，要知道科学是为人类服务的，是能在正确使用之下来为人民谋最大的福利的。我们要充分发挥科学的作用，以最少的人力物力财力，来最大限度地满足全体人民的需要；这就是社会主义建设的技术基础。同时，这也说明了科学是需要和平而且也能够保障和平的。

其次，我想对这些小朋友们的老师们说几句话。这次展览当然是学生的成功，同时也是老师们的成功。应当感到愉快，格外鼓舞。同时也必然会体会到今后的责任是更重大了。希望老师们进一步地提高自己的水平，更好地教导这些学生们，培养他们的钻研精神，鼓励他们上进，力戒骄傲情绪，克服个人主义，做好创造性的集体劳动。希望老师们学习米丘林培育植物的精神，来培育我们这具有无穷智慧和才能的新生一代。

最后，我希望像今天这样的展览会能在全国范围内不时地举行，这不但对全国的少年和儿童来说是有极大意义的，同时也引起社会的注意，使有关各方面能给学校更大的帮助，来解决开展这种展览的一切问题。

架起通向科学的桥
——茅以升科普创作精选

在我们国家刚刚宣布了第一个五年计划的时候，就能看到这样一个少年儿童的作品展览会，使我们认识到中华民族有多大的雄厚人力来保证各个五年计划的完成，这该使我们如何地兴奋。今天爱好科学的少年儿童就是第三、第四个五年计划战线上的生力军，让我们好好地培植他们成为将来许许多多的科学大厦的栋梁！

我热烈庆祝这次全国少年儿童科学技术和工艺作品展览会的成功！

原载《光明日报》1955 年 8 月 18 日

环境科学的普及化

科学与技术原来是为了改造自然的,如果在改造的过程中,不注意环境保护,就会有污染的问题。环境污染既是人类自己造成的,人类也必然能用自己的力量与智慧,来认识它、改造它,使"三废"化害为利,造福于人类!

一个人总要身体健康,才能工作,才能为人民服务。如果不幸病了,就要去医院求诊,不但花钱,而且要影响工作。问起得病的原因,当然很多,但其中最主要的一条,是对生活最有关系的环境太不注意,等到深受其害时,可能是太晚了。因此在平时就要对环境特别重视,避免环境的危害。所以我们国家的卫生政策是以"预防为主"。

一个国家,人民的身体健康,也是如此。为了造福人类,保护与人类有益的生物,就要保护环境。所谓保护,就是要消除影响环境的"三废",如烟气、污水和废渣,而且要把"三废"改造成资源。如何监测"三废"、治理"三废"和利用"三废",那就是环境科学的任务。环境科学家对于"三废"就像医师对人的疾病一样,以恢复健康为责任。我是搞桥梁的,对环境科学是外行,现在就从外行的角度,来对环境保护说几句话。

环境保护关系到人们的健康,因而保护环境,清除

"三废"人人有责。就像为了预防疾病,过去曾有"除四害"的号召,需要人人努力一样。当然,为了预防疾病而要消除"四害",那是比较简单的。而为了保护环境,要消除的"三废",那是比较复杂的。既然人人都要受到环境公害的折磨,因此对环境科学总该有些常识,就像对医药卫生应当有些常识一样。这个《环境保护知识》期刊就是介绍这方面常识的。

与人的呼吸有关的烟气,主要来源于煤和油的燃烧。蒸汽机、柴油机和汽车等动力,就是以煤和油为能源的。为什么不能多用些没有烟气的能源呢?如水力、潮汐、风力、地热、太阳能和核能,等等。当然,要用这些能源,需要一定水平的科学技术。但是人类的智慧是无穷的,面临烟气这个大敌,只要大家重视,群策群力,积极治理,总可逐渐取得胜利,让人们生活在蔚蓝天空下的无烟世界!

废水和废渣,都与生产的原料和成品有关。而原料的选择和成品的制造,由于科学与技术的发展,都时刻在变化之中。在千变万化的生产过程中,难道非墨守成规不可?大搞综合利用,不是可以变废为宝吗?

环境科学比任何其他自然科学都复杂,而且同各种自然科学都有关系。由于直到 20 世纪下半期,才有人投入这门科学的研究,所以它还是一门新兴的学科。然而正是这种涉及全人类生存的科学,才是世界上最博大精深的学科。可惜我生得太早,不能以余生来研究它了!不过我相信,环境污染既是人类自己造成的,人类也必然能用自己的力量与智慧,来认识它、改造它,使"三废"化害为利,造福于人类!

原载《环境保护知识》1979 年第 1 期

漫话圆周率

圆周率的数值，该是多少呢？为了求这个数值，自古以来不知有多少数学家绞尽脑汁，算出了一个比一个更精确的值。起初以为可以算到底，求出的全值。但是算来算去，越算越没有个完，始终到不了底。

圆周率是个什么东西？少年朋友们大概都知道，它就是一个圆的"圆周"长度和它的"直径"长度相比的倍数。不论圆的大小如何，这个倍数都是一样的，因而是一个"常数"，也就是一个不变的数，在数学上名为"π"。它是希腊文"周围"的第一个字母。在自然科学里，圆周率π这个数值，用途非常之广，同时也是一个非常奇特的数值。在数学里，可以同它相比的，还有两个奇特的数值，一个是"自然对数"的"底"，名为"e"；另一个是"-1"的平方根 $\sqrt{-1}$，名为"虚数 i"。再加上两个数学里最重要的数值，一个是"1"，一个是"0"，这五个数值连成一个极简单的关系式：$e\pi^i + 1 = 0^0$，可见，数学是多么引人入胜呵！

圆周率π的数值，该是多少呢？为了求这个数值，自古以来不知有多少数学家绞尽脑汁，算出了一个比一个更精确的值。起初以为可以算到底，求出 π 的全值。但是算来算去，越算越没有个完，始终到不了底。直到 16 世纪中叶，才有个法国数学家费托，用数学证明 π 是个"无尽数"，按一定法则，可以无止无休地算下去，不像分数，如 1/3，虽然也"无尽"，但却简单。现在来回溯一下，我国和外国的数学家对这圆周率 π 的数值的贡献。

我国在很早的时候，就有"周三径一"之说，即 π = 3，在公元前 100 年的一部《周髀算经》里，就有记载。后来慢慢知道，圆周率应当比 3 略大一点，就是说，在整数 3 的后面应当还有小数。到了东汉时，我国天文学家、数学家张衡（78—139），提出了一个很妙的数值，说圆周率等于 10 的平方根，即 $\pi = \sqrt{10} = 3.16$。这个数值很简便，容易记得住，就是到了现代，有时也还用到它。这个数值，在将近 500 年后，才在印度发现。三国时，魏国的数学家刘徽，在公元 263 年提出一个更准确的圆周率值：π = 157/50 = 3.14，并且发表了他的计算方法，称为"割圆术"，是数学上的一个贡献。在刘徽的前后，还有许多数学家提出了各种不同的圆周率。

最辉煌的成就，要算南齐时祖冲之（429—500）的圆周率值。他用一种方法叫做"缀术"，得出 π 值在 3.1415926 和 3.1415927 之间，无一字错误，是世界上最早的七位小数精确值。他又提出两个分数值，一个叫"约率"，$\pi = \frac{22}{7} = 3.14$；另一个叫"密率"，$\pi = \frac{355}{113} = 3.1415929$。"约率"和希腊的阿基米得的圆周率值相同，但"密率"在欧洲是米切斯于公元 1527 年才发表的，比我国晚了 1000 多年，这真是祖国的光荣。现在月球背面的一个山谷，就名

为"祖冲之",可见国际上对他的景仰。这个"密率"很容易记得住,先把三对相连的奇数,排成一行,即113355,然后在当中一分,前面的113就是分母,后面的355就是分子。如用四位数以下的分数,来表达圆周率值,那就不可能得到比"祖率"更准确的了。

15世纪以后,欧洲科学蓬勃兴起,所谓"方圆学者"(求同一面积的一方一圆),日见增多,于是圆周率值也越算越准确,大家都以算出的 π 的小数位数越多越可贵。最突出的要算德国的卢多夫(1540—1610),他竟将 π 值的小数算到35位,而且经过其他学者核对,无一字之差。他感到不虚此生,遗嘱将这35位值,刻在他的墓碑上。有的德国人至今还把圆周率值称为"卢氏值"。

后来,求圆周率的方法日有进步,小数位数增加很快。到公元1706年时,到达100位,1842年时到达200位,1854年时到达400位,最后到1873年时竟到达707位!算出这个数字的英国数学家山克司,可算在这场圆周率计算的竞赛中得到冠军,因为以后再没有人用手算来和他较量了。山克司用了15年工夫才算出这707位值,但是很可惜,经过后来校对,其中只有530位小数是准确的。

在这里,读者一定会问,在有了电子计算机以后,这个圆周率竞赛,该没有什么意义了吧!诚然,利用电子计算机,π 的小数位数的增长速度,确是惊人!先是在一天一夜里算出2048位,后来在1967年有两位法国人,一个叫纪劳德,另一个叫狄山姆,竟然把小数位数增加到500000位!如果把这50万位小数都在这里报告出来,这本《少年科学》全本都印不完。想了个折中办法,把这50

万位的头 100 位，和末了的 499991 至 500000 的 10 位，在这里记下来。

π = 3. 14159	26535	89793
23846	26433	83279
50288	41971	69399
37510	58209	74944
59230	78164	06286
20899	86280	34825
34211	70679	…
…	…	51381
95242		

请读者看一看并且试一试，能对这许多数字，在脑筋里记牢多少位。我年青时曾对圆周率问题发生很大兴趣，把前面的 100 位都记住了，到现在还记得住。

原载《少年科学》1978 年第 1 期

科学技术中的代号

> 代号不仅代替有形的文字，同时还表示无形的思想；不仅定性，而且定量，形成一个文字与思想间的桥梁。

文字是表达思想的工具。代号是代替文字的工具，有时还能更加确切地表达思想，起文字所不能起的作用。

《光明日报》第 90 期《文字改革》发表的"没有代号不行"一文里，举了一个例子，用 12 个拼音字母和一个等号的公式，来代替 468 个字所说明的一条科学规律。不但字数大相悬殊，而且用代号的公式使思路清楚，文字的说明反而使思想混乱。这就表明，代号有简化文字和确切达意的双重作用。

顾名思义，代号就是代替文字来表达思想的一切符号。先来看看它是如何代替的，然后再谈它是如何表达的。

最普通的代号就是表示数量的号码。如同我国来源于"算筹"的筹码记数（六，七，八…），阿拉伯数字（1，2，3…），罗马数字（Ⅰ，Ⅱ，Ⅲ…）等。其作用不但指明数量多少，而且表示次序先后。后来又有了分数、小数和正、负等等的符号。到了现代天文学和物理学里，描述宏

观现象和微观现象所需的数目，不是大得无边，就是小无极限。因而就有代替数字的算式代号，如同一亿是100000000，就用 10^8 的代号，在 1 的数字后面有多少个 0，就用 10 的多少次方来代替。太阳的"质量"是 1.982×10^{33} 克，电子的"质量"是 9.1×10^{-28} 克，这是多么简便。

其次是用文字的代号。如我国古代时，用"枚"代替"一寸的十分之一"，即现在的"分"。又如我国历史书中，用天干地支来计时，旧算书中用甲、乙、丙等表明已知数，天、地、人等表明未知数。但在所有用拼音文字的国家，用字母为代号，比我国昔时用汉字为代号有许多优点。汉字本身有意义，两字联系在一起可能形成一个词，再加字形比较复杂，用它作代号是极不方便的。举一个例子，在清代数学家李善兰（1811—1882）的《代微积拾级》一书中，用汉字作代号，列出"微分方程"如下：

$禾\dfrac{甲 \perp 天}{彳天} = （甲 \perp 天）$ 这比我们现在所用字母的式子

$\displaystyle\int \dfrac{\mathrm{d}x}{a+x} = \ln(a+x) + c$ 该添多少麻烦。（见钱宝琮《中国数学史》，325 页）

近代科学发达以后，西方国家所用的字母代号，现已逐渐通行于全世界。最常用的是拉丁字母，其次是希腊字母。但是这两种字母的数目都有限，而科学技术中需要的代号非常之多。有扩大字母功能的办法：一是用各种写法的字母，如大写、小写和草写；二是用各种印刷体的字母，如黑体字、斜体字、扁体字等等；三是用几个字母在一起，当做一个符号，其中一个字母的字形较大，作为主体，其余的较小，而且放在这主体字母的上下方作为

"角注"，如 A^b，A_d^c，X_{ij}，等等；四是把"缩写字"当做代号，如"对数"在拉丁文为 Logarithmus，就用 log 为代号。

再次是用符号作代号，如加、减、乘、除为 +、−、×、÷，其他例子举不胜举。这里有特别意义的是通过符号来简化字母的代号，形成代号的代号，比如行列式这个符号就可代替用字母的代数式：

$$A = \begin{vmatrix} a_{11} & a_{12} & a_{13} \\ a_{21} & a_{22} & a_{23} \\ a_{31} & a_{32} & a_{33} \end{vmatrix} = a_{11}a_{22}a_{33} - a_{11}a_{23}a_{32} + a_{12}a_{23}a_{31} -$$

$a_{13}a_{22}a_{31} + a_{13}a_{21}a_{32} - a_{12}a_{21}a_{33}$。

又如把 X 当做沿 X 方向的移动量，那么，$\dot{X}$ 就是 X 方向的速度，$\dfrac{\mathrm{d}x}{\mathrm{d}t}\ddot{X}$ 就是 X 方向的加速度 $\dfrac{\mathrm{d}^2x}{\mathrm{d}t^2}$。

有了代号这个工具，科学技术里的文字就大大简化了。首先是代替名词，如用 m 代替物体的"质量"，用 g 代替"自由落体加速度"。其次是代替术语，如用 $t_0 \rightarrow t_1$ 表示"从时刻 t_0 到时刻 t_1 的时间过程"。用字母 K 表示"一根杆件在变形时的弯曲的编号"。再次是代替"数式"，如用 $\partial^2\varphi$ 表示 $\dfrac{\partial^2\varphi}{\partial x^2} + \dfrac{\partial^2\varphi}{\partial y^2} + \dfrac{\partial^2\varphi}{\partial z^2}$。几乎所有的科学规律，不论如何复杂，都可用各种代号，列成式子，来代替文字的说明，如上面所举的用 468 个字就说明一条规律的例子。

在用代号时，有一条和用文字一样，就是要标准化，要大家都用同一代号来表达同一个意思。然而字母和符号总是有限的，而意义无穷，因而这个标准化的要求，只能限于一行一业，或一个学科。在不同的学科里，同一代号就不可避免地会表达不同的意义了。代号不能像文字那样要求标准化的绝对化。

代号的另一作用是能够确切地表达思想，以补文字之不足。这好像有点奇怪，难道用很多文字都不能确切表达思想，反而用一个代号倒能满足要求吗？这其实不怪。文字这一工具本来就是笨拙的，对形象来说，它不如电影；对声音来说，它不如唱片。画片不如电影，乐谱（也是用代号）不如唱片，然而还都比文字强。用语言时，我们常说"难以形容"，何况文字的生动活泼，还不如语言。到了要表达复杂细微的思想时，文字就更是"左支右绌"了。诗词里的所谓"意内言外"，往往就是借口"含蓄"，来掩盖文字本身的缺点。然而代号就不是这样，它不仅代替有形的文字，同时还表示无形的思想；不仅定性，而且定量，形成一个文字与思想间的桥梁。如物理学里物体的"质量"这一名词，是很难用文字表达清楚的，但它的代号 m 同时代表数学式子来表示质量的定义，就比质量这两个字所能表达的更加确切了。至于在近代科学如"相对论"、"量子力学"里，更有许多理论问题，都非文字所能说得清楚，都非用代号的数学式子来表达不可。数学这门科学，就完全建筑在代号的基础上。没有代号，就没有数学（我国数学发源甚早，有过辉煌的历史，但后来逐渐落后于西方，其中原因之一，就是没有一套好的代号）。在所有科学技术中，代号都能起文字所不能起的作用。

原载《光明日报》1965 年 9 月 1 日

打球与造桥

> 必须是科学为人民服务,科学同实际结合,科学才能真正属于人民。

　　我是个科学技术工作者,年轻时埋头读书,不好运动,有一次上体育课,教师问我参加哪个项目?我说乒乓球。教授就开玩笑地说:"那是女孩子们的小玩意"。这句话我一直记在心上。万万想不到,到了今天,我国就在这"小玩意"上,也取得了辉煌胜利,轰动了全世界。就在我初次听荣高棠同志关于这次世界乒乓球锦标赛情况的报告那一天,报告还未开始,会场里都在兴高采烈地谈论前一天我国第二颗原子弹在上空爆炸成功的伟大胜利。当时我把原子弹和乒乓球连在一起,立刻就感到这都是毛泽东思想的伟大胜利!的确,解放后十五年来,我国社会主义革命和社会主义建设,不论大小,不干则已,干起来就一定胜利。

　　我是搞桥梁工程的,这里面有很多力学问题,解算起来,非常费劲。当我读徐寅生同志的那篇文章时,我发现,在他提到的关于打球的二三十个专门术语中,几乎没有一个不是力学里的问题。运动员同志们是怎样解决的呢?我体会到,他们所以能这样为祖国争光,在世界球坛

上取得卓越成就，就是由于遵循毛主席教导，以革命思想领先，思想带动技术。他们打球和我们造桥不同，对于力学问题的解决，他们是立刻得到反映的，而我们是要等到桥造成后，才能全部验证的。同时，他们了解力学，首先是从实践经验中体会得来的，而我们却首先是从书本中学来的。他们打球，一开始就从实际出发，而我们造桥却是先理论而后才实践的。我相信，如果他们也和我们一样，先读上几年力学的书，然后才来打球，恐怕他们的过硬本领，是不会进步得这样快的。我们搞科学技术，要发扬"三敢"（敢想、敢说、敢干）精神，坚持"三严"（严肃、严格、严密）作风；而他们打球，更有"三敢"（敢打、敢拼、敢于胜利）和"三从"（从难、从严、从实战出发）的英雄气概。所有这一切都值得我们认真学习，争取把我国的科学技术提高得更快，全面地赶上或超过世界先进水平。

乒乓球运动员同志们，让我们向你们祝贺，向你们致敬，向你们学习！

原载《体育报》1965 年 6 月 11 日

中国杰出的爱国工程师——詹天佑

> 詹天佑终身为祖国的富强而奋斗。他对祖国科学技术和铁路建设的卓越贡献，他的爱国主义思想和科学精神，都是永远值得我们纪念的。

我国科学技术界和广大人民，以景仰和自豪的心情，纪念 19 世纪末 20 世纪初我国最杰出的爱国工程师詹天佑诞辰 100 周年；纪念他建成了第一条完全由中国工程技术人员设计、施工的铁路干线——（北）京张（家口）铁路，在我国铁路建设史上写下了光辉的一页；纪念他为我国铁路工程技术的发展，做出了卓越的贡献；更纪念他蔑视帝国主义，发愤图强、自力更生的爱国主义精神，和踏实钻研、同工人结合的作风。

1861 年 4 月 26 日（清咸丰十一年三月十七日）詹天佑出生在广东省南海县。他祖父原来开设一家茶行，在鸦片战争中，被英国的军舰大炮轰垮了，他父亲只好过着穷苦的生活。詹天佑幼小时，就常听到"平英团"、"升平社学"、"佛山团练局"等人民抗英武装斗争的故事，从小就种下了爱国主义思想的种子。

詹天佑 11 岁时（1872 年），被清政府派遣第一批出洋留学。他在美国学习了近代的科学技术知识，接触了资本主义的"物质文明"，同时也亲眼看到了美国社会存在着的许多不平等现象，尤其是对华工的种种虐待歧视。他中学毕业后，曾报考美国陆海军学校，美国国务院的回答是："这里没有地方可以容纳中国学生"，就这样极端轻蔑无礼地拒绝了他的要求。詹天佑深深感到祖国地位的低落和中国人受到的耻辱。他努力寻找祖国贫弱的原因和挽救祖国的出路，在具有资产阶级改良主义思想的老师容闳等人的影响下，他认为只有通过修筑铁路，建造工厂，开发矿藏，发展科学技术，才能使祖国富强起来。因此，他决心学习科学技术，为祖国服务。1878 年，他考入美国耶鲁大学土木工程专科。他学习非常努力，成绩优异，入学第一年数学成绩就得全校第一名，他的毕业论文《码头起重机的研究》得到很高评价。1881 年，他以出色的成绩毕业。同年秋天和同学们一起返国。

1888 年，天津铁路公司总经理伍廷芳聘请詹天佑为工程师，参加修筑芦台到天津的铁路（这条铁路以后延长为关内外铁路，即现在的京沈铁路）。他是第一个担任铁路工程师的中国人。从此，他终身都为了中国的铁路建设事业而奋斗。他参加修筑铁路后，在实践中积累了丰富的经验和本领。他参加了当时最艰巨的滦河大桥等的修建工程，并显示出他已经是一个优秀的工程师了。1894 年，英国土木工程学会推选詹天佑为会员，这是外国人第一次吸收中国人参加其有较大代表性的学术团体。

我国铁路一开始就被帝国主义所控制，用作对我国进行经济、政治、军事、文化侵略的工具。尤其是 1894 年中日战争后，西方资本主义国家已进入帝国主义阶段，加紧了对殖民地的分割，当时的我国成了列强争夺的最后一块"大肥肉"。各个帝国主义国家开始了对中国铁路建筑让与权的疯狂的争夺，争先恐后地在我国抢占修建铁路的权利，铁路沿线成了帝国主义的"势力范围"，我国面临被帝国主义瓜分的危险。当时，具有爱国主义思想的我国人民提出了"中国铁路应修自中国人"的爱国口号。詹天佑在铁路工地上亲眼看到帝国主义分子侵略我国的暴行和我国人民的反抗斗争，他下定决心：一定要为祖国修建完全由我国人民自己来修的铁路，不让帝国主义霸占掠夺。

1900 年，我国人民发动了伟大的反帝爱国斗争——"义和团运动"，帝国主义为了镇压中国人民革命斗争，派遣侵略军队占领了关内外铁路，利用它来运输军队屠杀中国人民。1901 年，詹天佑毅然离开被"八国联军"占领的关内外铁路，到长江以南的萍醴铁路工作。1902 年，"八国联军"强迫清政府签订卖国投降的"辛丑条约"，抢夺了许多权利后，将关内外铁路"归还"中国。詹天佑被派参加接收关内外铁路的工作。他日夜忙碌，栉风沐雨，恢复了饱受帝国主义蹂躏的关内外铁路，并继续修筑，不久，这条铁路就全线竣工。

"戊戌变法"和"义和团运动"失败后，新兴的民族资产阶级开始了独立的政治和经济运动，在经济方面，全国出现了"拒借洋债、拒用洋匠、收回权利、自办铁路"的群众运动。全国各省几乎都成立了商办铁路公司，要求修筑铁路。1905 年，在人民的压力和帝国主义国家自相矛盾的情况下，清政府决定派詹天佑为总工程师，负责修建京张铁路。这个消息一传出，马上轰动了全国。

京张铁路长约 200 公里，经过内外长城间的燕山山脉。这条铁路是联合华北和西北必经的交通要道，也是古来军事上兵家必争之地。它具有重大的经济、政治、军事意义。英国等帝国主义国家早就垂涎欲滴，想夺取这条铁路，控制我国北部。英国工程师金达曾秘密勘测过这条线路，他发现这条铁路工程十分巨大，尤其是从南口到岔道城一带，叫做"关沟段"的地方，要在悬崖绝壁之上修起一条陡险的铁路，穿过古称"天险"的长城要塞居庸关、八达岭。铁路要通过八达岭，按照欧美的设计，必须开凿一座长达 6000 余尺*的隧道，工程的艰险为当时世界上所少见的。帝国主义分子认为我国人根本不可能担负这样艰巨的工程。他们到处发表污蔑中国人民的谬论，说什么"会修铁路通过关沟段的中国工程师还没有出世！"，"中国人想不靠外国人自己修铁路，就算不是梦想，至少也要过 50 年才能实现"。这群帝国主义分子都等待着詹天佑的失败，好出面夺取京张铁路。

詹天佑知道修筑这条铁路有很大困难，但他决心要用中国人民自己的力量修成京张铁路，来驳斥帝国主义的谰言。他先后勘测了好几条路线，根据经费、工期和地形等条件，认真比较，最后选定了现在的路线。对全线最困难的八达岭隧道，他在现场进行了反复的勘测，和我国工程师、工人、当地居民共同研究，大胆推翻了外国工程师的设计。按照他们的设计，铁路在爬山时，每升高一尺，要有至少一百尺长的线路，因而上升很慢，山腰隧道很低，需要很长的隧道。詹天佑为了要缩短隧道的长度，就把隧道抬高，但这就要求非常陡峻的铁路"坡度"，因此他采用了两个办法，一是把升高一尺所需的铁路长度，从

---

* 1尺=0.3米。

100尺减至33尺，准备将来行车时，用两个火车头牵引列车，来克服上下陡坡的困难；二是在青龙桥车站附近，修筑一条"人"字形铁路，也用很陡的坡度，使火车先往东走一段，升高一层，然后"折返"，再往西又走一段，再上升一层，因而在原有有限迴旋余地的半山中，就把铁路大大抬高，也就是把隧道抬高，来减少隧道的长度。这样，八达岭隧道的长度就降低到外国工程师设计的一半。他还取消了鹞儿梁、九里桥等地的隧道，大大节省了公款，缩减了工期。

为了争取早日修成京张铁路，詹天佑运用了分段勘测、设计、施工和分段通车的方法。在这里，他对我国铁路的技术标准，又树立了一个良好的模范。那时，帝国主义者为了推销他们的铁路器材，想使我国铁路的技术标准都跟着他们走，如"轨距"一项，就有英美制、比法制、日本制、俄国制等等，纷然杂陈，非常混乱。詹天佑坚持采用适合我国情况的1.435米的标准轨距，树立先声，以便将来全国铁路都可"车同轨"，畅通无阻。1905年10月，丰台到南口的第一段工程开始动工，同时继续进行第二、第三段的勘测设计。不到一年，第一段完工，丰台到南口就先行通车。这时，第二、第三段已完成勘测设计，不久就陆续开工。

京张铁路的第二段就是有名的"关沟段"，共有4座隧道，这是全线工程的关键。开工后，詹天佑一直住在工地上亲自指导施工，注意吸取工人建议，研究改进施工方法和劳动组织。八达岭隧道太长，如按一般方法仅从两端施工，工期势必太久。因而他采用了中部"凿井法"，从山顶打下两口直井，达到路基后再分两头向洞口开凿，加

上两端洞口，一共有 6 个工作面同时施工，把一座长隧道变成了三座短隧道，使工期大大缩短了。他工作认真细致，测量打线都要一再复核，尽力避免错误，八达岭隧道接通时，尺寸和原设计完全相符。在八达岭隧道的施工过程中，他们曾遇到缺乏经验、没有机器设备、石质坚硬、通风不畅、洞顶漏水等许多困难。詹天佑以对祖国荣誉负责来对待这些困难的考验。他经常和工人在一起商量问题，有一次他对计算一种土石方的工作量感到困难，就请教一位工人，那位工人就用算盘把它解决了，他非常高兴。他在工程中，总用最简单而最有效的方法来克服困难。他对工程检查，最为认真，时常拿一根铁签和一桶水，在混凝土表层打一小洞，灌进水，看透水情况来察看质量，这个方法为工人们采用，直到现在。他藐视困难，艰苦朴素的作风，在群众中发生了很大影响。他说："我国地大物博，而于一路之工，必须借重外人，引以为耻。"（《京张铁路工程记略叙》）参加修筑京张铁路的全体中国职工，"上自工程师，下至工人，莫不发愤自雄，专心致意，以求达其工竣之目的"（《旅汉同学会新年大会演说词》）。就在这种高度爱国主义精神的鼓舞下，他们团结一心，努力工作，终于克服了重重艰苦困难，出色地完成了这项空前巨大复杂的工程，只用了 18 个月就把八达岭隧道打通了，工期缩短一半。

詹天佑注意学习我国民族建筑的传统。他采用我国自造的水泥和当地开采的石料，修筑了许多民族形式的拱桥，这些拱桥质量坚固，形式美观，而且节省了大量钢材。

詹天佑在勘测线路时，发现铁路附近有煤矿，就亲自

去进行勘查。他在勘测报告中提出开发这些煤矿的建议，指出这样做有许多好处，比如就地供应铁路用煤，降低运输成本；增加铁路运输量；增加人民谋生机会，等等。后来他修建了煤矿支线，适应开矿运输的需要。他在施工中时刻注意保护农业生产，少占耕地民房，尽量不使农民遭受损失，因而受到了群众的欢迎和支持。

在施工中，詹天佑很注意培养训练我国的工程技术人员。京张铁路开始勘测时，只有两个学生跟他一起工作，后来他还把其中的一个调给另一条急需工程师的我国自办铁路。詹天佑知道我国迫切需要自己的技术人才，就大胆地运用在实践中培养人才的办法，招收了一批青年做练习生，边学边做，边做边学，迅速地培养出一批土生土长的技术力量，不但担任了京张铁路的技术工作，还为我国自建铁路培养了人才。他们在我国铁路建设事业中起了很大作用。

1909 年 9 月京张铁路全线竣工。它的全部工程都是由我国自己修建的，施工期不满 4 年，比原计划提前两年完成，共用公款 600 多万两白银，这是当时我国修筑的成本最低的铁路干线。京张铁路完工后，国内外许多人都来参观。他们看到我国自力修建这样艰巨的工程，都啧啧称赞，连那些原来嘲笑詹天佑"狂妄自大"、"不自量力"的帝国主义分子，也不得不承认詹天佑和我国职工工作得"十分完善"。1909 年 10 月 2 日，在南口举行了盛大的通车庆祝会，会上有各地来宾热烈祝贺这项伟大的成就。来宾朱淇激动地说："詹天佑和我国职工修成京张铁路，给我国争了口气。既然铁路可以我国自己修，那么将来一切矿山工厂也都可以由我国人民自己办。今天我国

人为京张铁路庆祝，也就是为全中国的矿山工厂庆祝。"这段话代表了当时全国广大群众的共同心情。

京张铁路的修成，极大地鼓舞了中国人民的民族自信心，推动了广大群众"收回利权"，自办铁路的爱国运动。他曾亲自到京汉线的黄河大桥进行勘查，并担任了沪嘉、洛潼铁路的顾问总工程师。京张铁路通车后，詹天佑一面开始修筑张家口到绥远的铁路，一面应四川、湖北人民要求担任川汉铁路总工程师兼会办。1910年，商办粤汉铁路公司选举詹天佑为总理兼总工程师。他热情地支持商办铁路，用中国技术人员代替原来盘踞在粤汉铁路的外国工程师，使工程大有起色。但是，清政府在"宁赠友邦，不予家奴"的卖国政策指导下，把商办的汉粤川铁路出卖给英、美、法、德四国。这个卖国行为激起了全国人民强烈的反抗。1911年，以反对清政府出卖中国铁路的"保路运动"为导火线，爆发了伟大的辛亥革命，推翻了君主专制制度。詹天佑热烈地欢迎辛亥革命，觉得这是救中国的希望。他组织粤汉铁路公司的同仁，欢迎回到广州的孙中山先生。孙中山先生也十分器重他，希望他帮助实现修建16万公里铁路的计划。

1912年，辛亥革命后不久，詹天佑发起组织了"中华工程师会"（后改名为"中华工程师学会"），并被选为会长。他希望能把全中国的工程技术人员团结和组织起来，为建设富强的祖国而共同努力。他积极主持"中华工程师学会"的工作，开展各种学术活动，出版学报，还亲自编撰出版了《京张铁路工程记略》和《华英工学字汇》两部著作。前一部记叙了修筑京张铁路的经验，后一部是中国第一部工程技术的词典，这两部著作对我国技术界

起了很大作用。他还举办了科学征文悬奖以鼓励科学技术著作，并组织捐款在北京买了一所房子，作为"中华工程师学会"的会所。这所房子就是现在北京市科学技术协会的报子街会所。

由于资产阶级的软弱，辛亥革命中途"流产"。北洋军阀窃取政权后，把中国铁路的许多权利出卖给帝国主义，詹天佑的理想破灭了。

1919 年 1 月，詹天佑被派出席协约国"中东铁路监管委员会"，担任技术部中国代表。他这时有病，但仍日夜工作，对帝国主义占领中东铁路的侵略行为坚决斗争。并致电"巴黎和会"，反对帝国主义掠夺全中国铁路的毒计；揭露所谓"万国共管中国铁路计划"的阴谋。最后，他因操劳过度，病势转重，于 1919 年 4 月 24 日在汉口逝世，享年 58 岁。

詹天佑对祖国科学技术和铁路建设的卓越贡献，他的爱国主义思想和科学精神，都是永远值得我们纪念的。

原载《人民日报》1961 年 4 月 27 日

纪念近代科学先驱者和伟大艺术家
——达·芬奇

"勤劳一日，可得一夜的安眠，勤劳一生，可得幸福的长眠。"

1452年4月15日，达·芬奇诞生于意大利的佛罗伦萨附近的芬奇村。那时正当欧洲文艺复兴时代，他少年时期在一个画室里学画。经过11年的绘画工作，首先在美术和音乐方面，显示出他的特殊天才。他不仅学习的热情高，对周围接触的自然现象都有浓厚的研究兴趣。他有丰富的理想和伟大的创造力，他勤劳不倦地钻研、实践，开拓了在艺术和科学方面的发展领域。

达·芬奇除了在艺术上有辉煌的成就外，他更系统地发掘了在当时认为神秘而不可思议的科学真理，大胆地向迷信的传统挑战，为后代科学研究开辟了广阔的途径。

达·芬奇的科学天才是多方面的。他在天文、地理、建筑、机械、生理、解剖、光学、力学、数学等各方面，都有特殊的擅长。由于他富有研究兴趣，在当时一般人尚盲目地颠倒于星相家、巫术、炼金术的时候，他已独具慧眼地接触到宽广的自然界，并考察、发现了它们的运动规律,初步认识了它们的相互联系。这些创见和方法,对于此后 500 年的科学进步所引起的作用,和对人类文明的贡献,是无法比量估计的。

达·芬奇曾设计过伟大的工程:他为改善意大利罗米里及其附近伦巴底平原灌溉系统的工程设计,曾特别注意到公共卫生的需要,并详细地研究了山脉的结构,河流的动向以及风雨雷电的影响。他又企图开凿从比萨到甫路勒斯间的运河,虽未实现,但在 200 年后,这条运河的开凿仍是根据他的设计的。他在担任凯沙波尔查战事总工程师时,亲自做过测量,监修过运河,修建过海港。在米兰的卢多维珂·斯佛尔查宫廷时,设计过米兰教堂和舞台的建筑。

达·芬奇有很多机械上的创造,他在修筑运河时,发现了独特的牡牛浚渫器,利用牡牛重量,来转动挖泥铁桶,转运轻便迅速,与现代机械浚渫机的作用相同。又创造了与现代坦克机构相似的武装战车,和活塞蒸汽大炮。在他笔记中,有他想象中的飞机图案,有应用发动机的汽车图样。他制造过一个与近代自动记载磅秤相似的仪器,他又发明过一个纺纱机内便利绕线的纱锭附件,其他如现在尚通用的钉在门户上的螺旋条蝶器,与汽车上所用相同的锁轮等,都是他所创造。

在哥白尼发表"地动论"之前,达·芬奇已经否定了"地球中心说",他说:"太阳才是不动的",他主张地球是围绕太阳旋转的。在伽利略发明望远镜的 100 年前,达·芬奇已在他的笔记中,提出了创造一架眼镜,可将月球扩大来观察。在牛顿发现万有引力 200 年前,达·芬奇便提到重力的法则。在哥伦布以前,达·芬奇不仅主张地球是圆的,并且计算出地球的直径有约 11200 千米。在 16 世纪初叶,他绘出的世界地图,已有了阿美利加和南极大陆的字样。此外如数学上加(＋)减(－)符号的初试,水力学里的毛细管现象的发现,近代照相机的投影原理,树木年轮和植物叶的分布原理以及研究科学的重要法则"归纳法",都是他对科学的重要贡献。

达·芬奇为了提高绘画和雕塑的艺术,同时研究了人和动物的解剖、肌肉运动、细胞、血球等学说。在绘画的造诣上,不仅打开了古本临摹的局限,并因不满足于单纯的色彩和轮廓,而发现了最能吸引人注意的光线明暗的变化,从而深入研究到透视、光学和眼睛生理学,以及光线在水中的折射等问题。他为了建造一个骑马的卢多维珂·斯佛尔查纪念碑,便潜心研究马的动作和马的解剖学以及青铜大件铸造术。他对四周环境,感到热烈的兴趣,对于一切活的人物,活的自然,竭力研究和探索其中的真理。他说:"机械学是科学的乐园。"又说:"勤劳一日,可得一夜的安眠,勤劳一生,可得幸福的长眠。"他的一生,都在不断的求知,不断的劳动,他这样积极奋斗自强不息的精神,就是他获得辉煌成果的动力泉源。

达·芬奇在艺术和科学方面的造诣,都是多方面的,表现出他的不平凡的思想力。这一切是通过他一生不断的求知和劳动而获得的。他的人生是充满着这种崇高理想的。他最喜欢的两句格言是:"水若停滞,失其纯洁;心不活动,精气立消。"他的头脑是永远燃烧着的熔化各种学理的洪炉。他和一般人是同样地属于某一时代的产物,但他没有停止在那一时代的阶段上,而是大大地向前

迈进了一步。在当时宗教观念强烈地统治着人们的思想时，达·芬奇征服自然的各种创造发明，最有力地对旧的堡垒进行了无情斗争。他虽没有像布鲁诺的惨遭火刑或伽利略的被流放，但他的许多科学成就都未为当时人们所重视。尽管如此，他仍然孜孜不倦地为了征服自然，为了广大人民的利益进行各种创造活动，这正是他高贵品质的表现和光辉成就所由来。

达·芬奇生于战争频繁的时代，他富于正义感，坚决反对战争。他在笔记中，把战争解释为"兽性的疯狂"。在建设与破坏的两条截然不同的道路上，无疑的他选择了和平。

在他的一生中，对于科学发明方面，一切记载都很少提到他有无共同商榷研究的忠实助手和朋友。他所有的伟大理想和计划，多半是数十年或数百年后才得到实现和证明，但他在人类进化史上，已占了一个极其重要的地位。我们对这一位天才的科学家，并不感到他在生前的踽踽独行，而正和500年来千百万正义的、爱好和平的科学工作者，呼吸相通。他应是一个最不孤寂而同调最多的科学家。

恩格斯在他自然辩证法导言中论述欧洲文艺复兴时代时曾说："这是一个人类前所未有的最伟大的进步的革命，这是一个需要和产生巨人的时代，需要和产生在思考力上，热情上与性格上，在多才多艺上与广博学识上的巨人的时代。"列举出在文艺复兴时代的几位杰出的人物，而以列奥纳多·达·芬奇为首，说他"不仅是一个伟大的艺术家，并且是一个伟大的数学家、力学学家和工程师，他在物理学各种不同的部门中都有重要的发现。"

在今天,在伟大的时代,我们需要杰出的人物,同时也正产生着杰出的人物。达·芬奇为了人类幸福致力于征服自然,不断追求真理,追求进步,他辛勤的劳动和丰富的创造,正是鼓舞我们前进的一个好榜样。

原载《光明日报》1952 年 5 月 11 日